Java 语言程序设计实践指导

主　编　王汝山　黎小花　段永平
副主编　杨　林　杨　琳　郭俊亮
主　审　何邦财

北京理工大学出版社
BEIJING INSTITUTE OF TECHNOLOGY PRESS

内容简介

本书按照任务驱动理念，以 Java 程序开发工程师岗位职业能力为主线，将 Java 理论知识有机分解为 7 个典型项目和 29 个工作任务，实现理论知识与任务情景的有机融合。全书以学生信息管理系统为主线作为设计思路，详细介绍了使用 Java 技术开发学生信息管理系统的过程和方法。

本书内容丰富、案例详实，将理论学习与技能训练有机结合，融教、学、练于一体，通过案例教学、任务驱动，最终实现理论实践一体化教学，既可作为软件技术专业、物联网专业、网络技术专业、大数据技术专业和人工智能等专业的教材，也可作为企业员工培训教程或 Java 爱好者的自学参考用书。

版权专有　侵权必究

图书在版编目（CIP）数据

Java 语言程序设计实践指导 / 王汝山，黎小花，段永平主编. -- 北京：北京理工大学出版社，2023.5

ISBN 978-7-5763-1970-5

Ⅰ. ①J… Ⅱ. ①王… ②黎… ③段… Ⅲ. ①JAVA 语言 - 程序设计 - 教材 Ⅳ. ①TP312.8

中国版本图书馆 CIP 数据核字（2022）第 258682 号

出版发行 /	北京理工大学出版社有限责任公司
社　　址 /	北京市海淀区中关村南大街 5 号
邮　　编 /	100081
电　　话 /	（010）68914775（总编室）
	（010）82562903（教材售后服务热线）
	（010）68944723（其他图书服务热线）
网　　址 /	http：//www.bitpress.com.cn
经　　销 /	全国各地新华书店
印　　刷 /	涿州市新华印刷有限公司
开　　本 /	787 毫米 × 1092 毫米　1/16
印　　张 /	13
字　　数 /	286 千字
版　　次 /	2023 年 5 月第 1 版　2023 年 5 月第 1 次印刷
定　　价 /	65.00 元

责任编辑 / 钟　博
文案编辑 / 钟　博
责任校对 / 刘亚男
责任印制 / 施胜娟

图书出现印装质量问题，请拨打售后服务热线，本社负责调换

前　言

　　Java 语言自诞生以来，一直受到业界的追捧，它的安全性、平台无关性、高效性等给程序编写带来了全新的设计理念，逐渐成为主流程序设计语言。通过对本书的学习，读者可以掌握 Java 语言程序设计的基本概念、语法和规范，深刻理解面向对象的编程思想，掌握面向对象的封装、继承、多态的含义，掌握 Java 中的异常处理程序设计和 Java GUI 图形用户界面设计，了解常用的 Java API 及 I/O 处理，具有熟练使用 Eclipse 进行 Java 程序设计的能力。

　　目前，Java 最新版本为 Java 19，最新的长期支持（Long – Term Support，LTS）版本为 Java 17，其中上一个 LTS 版本为在 2018 年 9 月 25 日甲骨文公司（Oracle）发布的 Java 11 正式版，它也是自 Java 8 之后的第一个长期支持版本，因此本书所有代码都是基于 Java 11。

　　本书采用任务驱动的形式编写，能够有效帮助学生进行系统性的学习，更容易入门。本书具有以下特点。

　　（1）本书以任务驱动的形式完成内容的组织，通过对任务的演示和分析，让学生将需求分析与代码编写测试结合起来，通过"知识准备"了解解决实际问题所需的理论知识，通过"任务实施"解决问题并进行测试。

　　（2）突出实践教学特色，符合职业教育教学过程。通过加强实践教学环节，突出"做中学、学中做"特色，使学生通过动手实训、讨论和自主学习，掌握基础知识和基本技能。

　　（3）工作任务源于真实项目的简化，与理论知识互为补充，利用案例通过循序渐进的方式，开拓学生的编程思路，强化学生的编程技能。

　　（4）内容浅显易懂，通过图、表及各种示例，使学生更加直观地理解所学内容，更容易入门上手。

　　本书由王汝山、黎小花、段永平担任主编，负责总体设计及统稿；杨林、杨琳、郭俊亮担任副主编，参与了本书的编写工作；李静负责相关资料的收集工作；何邦财教授担任主审，提出了宝贵的意见和建议。在此，感谢所有关心和支持本书编写的教师及参与教材论证的专家。

　　在本书的编写过程中，贵州交通大数据研究院有限公司的石昌强董事长对本书提供了宝贵资源及大力的支持，在此表示感谢。

  本书在编写过程中，参考了目前国内有关 Java 程序设计的优秀图书资料，在此谨向有关作者表示感谢。

  由于编者水平有限，书中难免有疏漏和不妥之处，敬请各位读者批评指正。

编　者

目 录

项目一　Java 环境搭建 ·· 1
　任务一　下载 JDK 开发工具包 ·· 1
　　【知识准备】 ·· 1
　　【任务实训】 ·· 1
　　　一、下载 JDK ·· 1
　　　二、安装 JDK ·· 3
　　　三、Windows 下环境变量配置 ·· 5
　任务二　安装集成开发工具 Eclipse ·· 7
　　【知识准备】 ·· 7
　　　一、几种常用的集成开发工具 ··· 7
　　　二、Eclipse 软件的下载 ··· 8
　　【任务实训】 ·· 8
　任务三　认识 Java 程序 ·· 11
　　【知识准备】 ··· 11
　　【任务实训】 ··· 13
　任务四　拓展训练 ·· 13
项目二　学生基本信息处理 ··· 14
　任务一　认识信息数据基本类型 ·· 14
　　【知识准备】 ··· 14
　　　一、关键字与标识符 ··· 14
　　　二、常量与变量 ··· 15
　　　三、Java 语言的数据类型 ··· 16
　　【任务实训】 ··· 18
　任务二　运算符与表达式的使用 ·· 19
　　【知识准备】 ··· 19

一、算术运算符 ·· 19
　　二、关系运算符 ·· 21
　　三、逻辑运算符 ·· 21
　　四、位运算符 ··· 22
　　五、三元条件运算符 ·· 22
　　六、运算符的优先级 ·· 22
　　七、表达式 ·· 23
【任务实训】 ··· 23
任务三　学生信息的输入/输出 ··· 25
【知识准备】 ··· 25
　　一、输入语句 ··· 25
　　二、输出语句 ··· 26
　　三、扩展内容（输入/输出流） ·· 26
【任务实训】 ··· 29
任务四　学生成绩处理 ··· 30
【知识准备】 ··· 30
　　一、顺序结构 ··· 30
　　二、选择结构 ··· 30
　　三、循环结构 ··· 41
　　四、跳转语句 ··· 49
　　五、数组 ··· 54
　　六、字符串处理 ·· 60
【任务实训】 ··· 68
任务五　拓展训练 ·· 70
项目三　学生类与对象的创建及使用 ·· 72
任务一　类的创建 ·· 72
【知识准备】 ··· 72
　　一、类的定义 ··· 72
　　二、创建类 ·· 72
【任务实训】 ··· 73
任务二　对象的创建及使用 ·· 73
【知识准备】 ··· 73
　　一、对象的创建 ·· 73
　　二、访问对象的属性和行为 ·· 76
　　三、对象的销毁 ·· 76
【任务实训】 ··· 77
任务三　构造方法的创建 ·· 79

【知识准备】 ··· 79
　　【任务实训】 ··· 80
　任务四　方法的定义与实现 ··· 82
　　【知识准备】 ··· 82
　　　一、无参无返回值方法的使用 ··· 82
　　　二、无参带返回值方法的使用 ··· 83
　　　三、带参无返回值方法的使用 ··· 84
　　　四、带参带返回值方法的使用 ··· 86
　任务五　方法重载 ··· 87
　　【知识准备】 ··· 87
　　　一、方法重载的定义 ·· 87
　　　二、方法重载的规则 ·· 88
　　　三、方法重载的实现 ·· 88
　　【任务实训】 ··· 88
　任务六　拓展训练 ··· 90
项目四　创建学生类的子类及子类的应用 ··· 92
　任务一　为学生类创建子类 ··· 92
　　【知识准备】 ··· 92
　　　一、继承 ·· 92
　　　二、方法重写 ··· 96
　　【任务实训】 ··· 96
　任务二　创建抽象类和抽象方法 ··· 97
　　【知识准备】 ··· 97
　　　一、抽象类的定义与使用 ··· 97
　　　二、抽象方法的定义与使用 ·· 98
　　【任务实训】 ··· 98
　任务三　创建接口及接口的实现 ··· 100
　　【知识准备】 ··· 100
　　　一、接口的定义 ·· 100
　　　二、接口的实现 ·· 101
　　　三、接口和抽象类的区别 ··· 102
　　【任务实训】 ··· 108
　任务四　包的应用及内部类的创建 ·· 109
　　【知识准备】 ··· 109
　　　一、包的创建及应用 ··· 109
　　　二、内部类 ·· 110
　　　三、Java 内置包装类 ·· 111

- 3 -

【任务实训】 …… 113
任务五　拓展训练 …… 128

项目五　学生信息异常处理 …… 129

任务一　判断错误类型及异常类型 …… 129
【知识准备】 …… 129
一、异常简介 …… 129
二、异常产生的原因及使用原则 …… 130
三、异常的类型 …… 131

任务二　异常处理 …… 132
【知识准备】 …… 132
【任务实训】 …… 133

任务三　自定义异常 …… 136
【知识准备】 …… 136
【任务实训】 …… 137

任务四　拓展训练 …… 138

项目六　学生信息管理系统界面设计 …… 141

任务一　常用组件的创建 …… 143
【知识准备】 …… 143
一、顶层容器的创建与使用 …… 143
二、面板（JPanel）的创建与使用 …… 144
三、JScrollPane 面板的创建与使用 …… 146
四、按钮的创建与使用 …… 147
五、标签的创建与使用 …… 148
六、单行文本框的创建与使用 …… 150
七、多行文本框（文本域）的创建与使用 …… 152
八、单选按钮的创建与使用 …… 153
九、复选框的创建与使用 …… 155
十、下拉列表的创建与使用 …… 156
十一、列表框的创建与使用 …… 158
十二、对话框的创建与使用 …… 160

任务二　组件的布局管理 …… 164
【知识准备】 …… 164
一、边框布局管理器 …… 164
二、流式布局管理器 …… 166
三、网格布局管理器 …… 167
四、卡片布局管理器 …… 169
五、网格袋布局管理器 …… 171

【任务实训】 ··· 172
任务三　为组件添加事件处理 ··· 174
【知识准备】 ··· 174
任务四　设计一个学生成绩管理系统登录界面 ··· 182
【任务分析】 ··· 182
【任务实训】 ··· 183
任务五　在框架（窗口）中绘图 ··· 185
【任务分析】 ··· 185
【任务实训】 ··· 187

项目七　学生信息数据库管理程序设计 ··· 189
任务一　使用 JDBC 操作数据库（以 MySQL 为例） ··· 189
【知识准备】 ··· 189
一、JDBC 概述 ·· 189
二、通过 JDBC 操作数据库 ·· 190
【任务实训】 ··· 191
任务二　拓展训练 ··· 193

参考文献 ·· 195

项目一

Java环境搭建

【知识目标】

(1) 了解 Java 语言的发展历史。

(2) 了解 Java 语言的特点和运行机制。

(3) 掌握搭建集成环境 Eclipse 的方法。

【能力目标】

(1) 能够正确安装 JDK 并配置 Java 开发环境。

(2) 能够正确安装和使用 Eclipse。

(3) 能够使用 Eclipse 进行编程。

任务一　下载 JDK 开发工具包

【知识准备】

　　Java 是一门面向对象的编程语言，不仅吸收了 C++ 语言的各种优点，还摒弃了 C++ 语言中难以理解的多继承、指针等概念，因此 Java 语言具有功能强大和简单易用两个特征。

　　Java 语言具有简单性、面向对象、分布式、健壮性、安全性、平台独立与可移植性、多线程、动态性等特点。使用 Java 语言可以编写桌面应用程序、Web 应用程序、分布式系统和嵌入式系统应用程序等。

【任务实训】

一、下载 JDK

　　(1) 在浏览器中输入"https://www.oracle.com/java/technologies/downloads/,"打开甲骨文公司的官方网站，进入 Java 下载页面，如图 1-1 所示。

　　(2) 单击"Java archive"链接，进入"Previous Java releases"页面，默认选择"Java SE"选项，在右侧可以看到 Java SE 的各个版本，其中 Java SE 11 和 Java SE 17 都是长期支持版本，此处选择 Java SE 11，如图 1-2 所示。

图 1-1　Java 下载页面

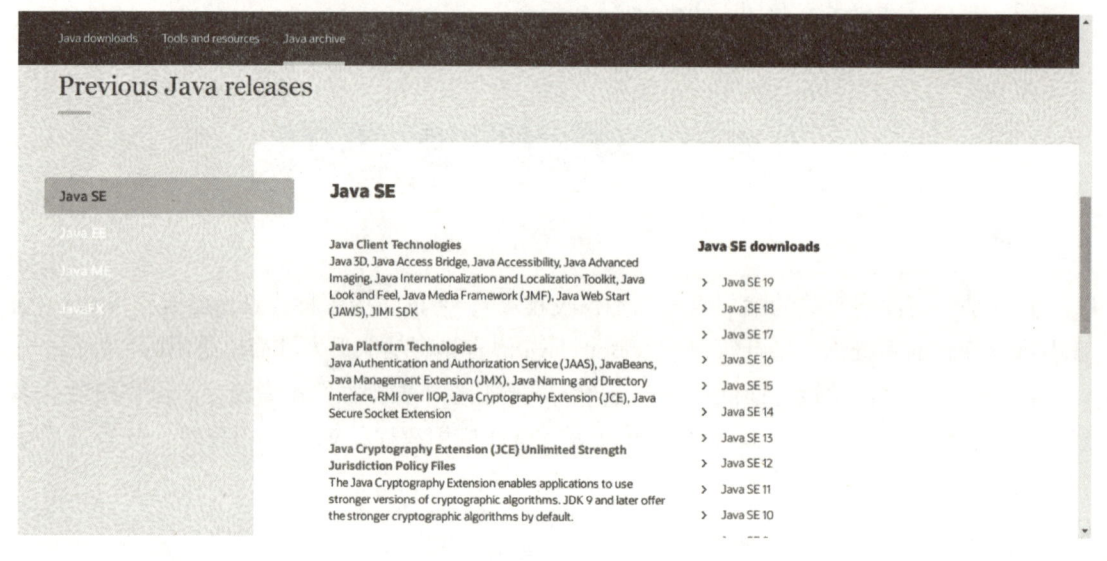

图 1-2　Java SE 的不同版本

（3）系统提供了 Linux、macOS、Solaris 和 Windows 等平台的 JDK 安装包，此处选择"Windows x64 Installer"下的 Windows 平台 64 位安装包"jdk-11.0.16_windows-x64_bin.exe"和"Linux x64 Compressed Archive"下的 Linux 平台"jdk-11.0.16_linux-x64_bin.tar.gz"进行下载，在下载之前需要接受许可协议，如图 1-3 所示。

（4）下载完成后，在磁盘中会发现一个名称为"jdk-11.0.16_windows-x64_bin.exe"和"jdk-11.0.16_linux-x64_bin.tar.gz"的文件。

图 1-3　不同平台下的 JDK 安装包

二、安装 JDK

1. Windows 下 JDK 的安装

（1）双击"jdk-11.0.16_windows-x64_bin.exe"文件，打开 JDK 的欢迎界面，如图 1-4 所示。

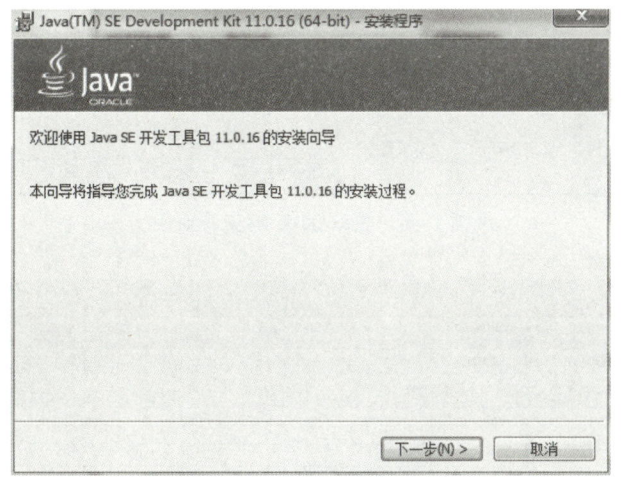

图 1-4　JDK 的欢迎界面

（2）单击"下一步"按钮，打开定制安装界面，选择需要安装的 JDK 组件，如图 1-5 所示。

（3）单击"更改"按钮，可以更改 JDK 的安装路径，如图 1-6 所示。更改完成之后，单击"下一步"按钮，打开安装进度界面。

（4）安装完成后，在安装位置打开 JDK 的文件夹，内容和目录结构如图 1-7 所示。

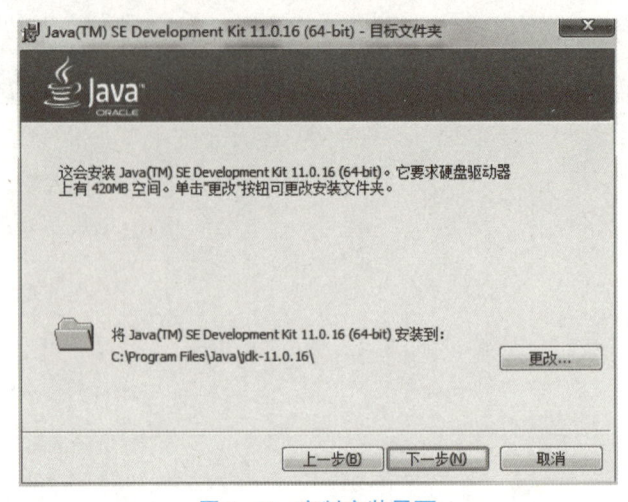

图1-5 定制安装界面

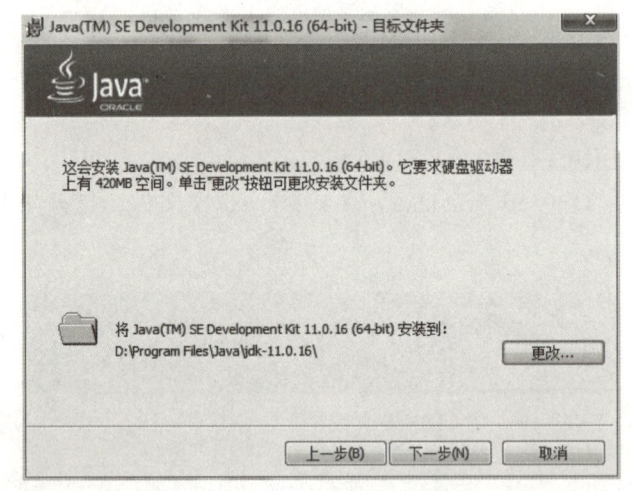

图1-6 更改 JDK 的安装路径

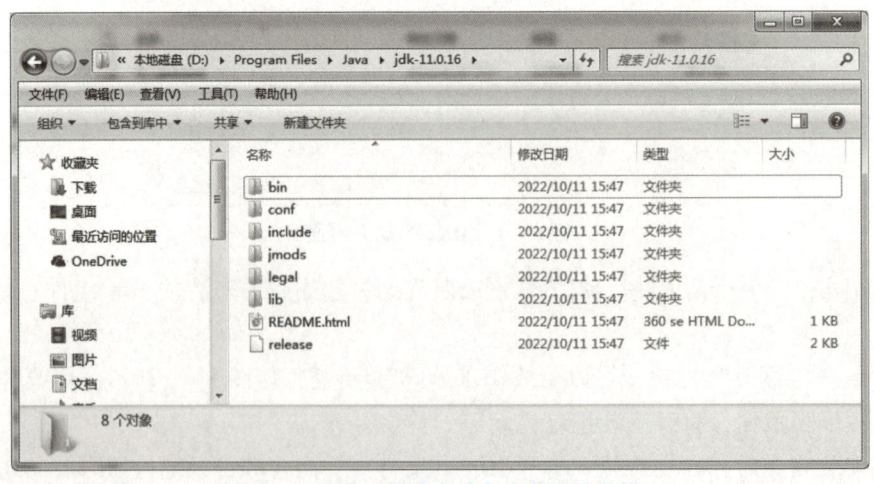

图1-7 JDK 文件夹的内容和目录结构

2. Linux 下 JDK 的安装与配置

（1）在"usr"文件夹下创建"java"目录，解压文件，具体如下。

创建目录

mkdir /usr/local/java

解压文件到指定目录

tar －zxvf. /jdk－11.0.16.1_linux－x64_bin.tar.gz －C /usr/local/java

（2）配置环境变量，具体如下。

打开配置文件

vi /etc/profile

在文件末尾添加

export JAVA_HOME =/usr/local/java/jdk－11.0.16.1

export PATH =$JAVA_HOME/bin：$PATH

刷新环境变量

source /etc/profile

（3）测试安装结果，具体如下。

测试 JDK 的版本

java －version

从图 1－7 可以看出，JDK 安装目录下有多个子目录和一些网页文件，其中重要目录和文件的说明如下。

（1）bin：提供 JDK 工具程序，包括 javac、java、javadoc 等可执行程序。

（2）conf：存放 JDK 的相关配置文件。

（3）include：存放平台特定的头文件。

（4）jmods：存放 JDK 的各种模块。

（5）legal：存放 JDK 各模块的授权文档。

（6）lib：存放 Java 的类库文件，是 JDK 工具的补充 JAR 包。其中"src.zip"文件保存了 Java 的源代码，如果需要查看 API 的某些功能是如何实现的，可以查看这个文件中的源代码内容。

三、Windows 下环境变量配置

以 Windows 7 系统为例，配置环境变量的具体步骤如下。

在桌面上用鼠标右键单击"计算机"图标，从快捷菜单中选择"属性"命令，在打开的"系统属性"对话框中单击"环境变量"按钮，如图 1－8 所示。

在弹出的"环境变量"对话框中单击"系统变量"列表框下方的"新建"按钮，如图 1－9 所示。

图 1-8 "系统属性"对话框

图 1-9 "环境变量"对话框

此时会弹出"新建系统变量"对话框。在"变量名"文本框中输入"JAVA_HOME",在"变量值"文本框中输入 JDK 的安装路径,最后单击"确定"按钮,保存 JAVA_HOME 变量,如图 1-10 所示。

图 1-10 编辑环境变量

在图 1-9 所示的"系统变量"列表框中双击 Path 环境变量,打开"编辑系统变量"对话框。在"变量值"文本框的最后添加";%JAVA__HOME%\bin",最后单击"确定"按钮。

提示:字符串%JAVA_HOME%相当于一个变量,即在环境变量中定义的 JAVA_HOME 的值"D:\Program Files\Java\jdk-11.0.16",其目的是使用变量代替 JDK 的安装目录,也可以直接替换为"D:\Program Files\Java\jdk-11.0.16\bin"。Java SE 11 后的版本在安装时,系统会默认在 Path 环境变量中自动添加"C:\Program Files\Common Files\Oracle\Java\javapath",打开后发现可以直接使用"java.exe""javac.exe"等命令,如图 1-11 所示。在"运行"文本框中输入 cmd 打开命令行,使用"java -version"测试环境变量,如图 1-12 所示。只有在安装早期版本的 JDK 时,才需要配置 CLASSPATH 环境变量,使用 1.5 以上版本的 JDK 时,可以不用配置 CLASSPATH 环境变量。

图 1-11 "javapath"目录

图 1-12 命令行测试

在命令行窗口输入"java -version",可查看安装的 JDK 的版本。

任务二 安装集成开发工具 Eclipse

【知识准备】

一、几种常用的集成开发工具

(1) Eclipse:是一种免费可扩展的开放源代码 IDE。

（2）NetBeans：可以方便地进行程序的编辑、编译、生成和运行。

（3）JBuilder：是 Borland 公司开发的 IDE，它在 Eclipse 和 NetBeans 之前就非常流行。

（4）Jcreator：是一个轻量型的 IDE。

二、Eclipse 软件的下载

目前 Eclipse 是程序员经常使用的开发软件，也是学习 Java 程序开发的首选软件。Eclipse 软件可以在 Eclipse 官网 www.eclipse.org 下载，该软件的下载与安装的详细操作步骤如下。

访问"https：//www.eclipse.org/downloads/packages/，"进入 Eclipse 官网下载页面。

进入官网后，在右侧找到"MORE DOWNLOADS"选项，可以根据需要选择合适的 Eclipse 版本，此处选择 Eclipse 2021-06（4.20）版本，其中的"2021-06"代表该软件为 2021 年 6 月发布的版本。

选择"MORE DOWNLOADS"选项后可看到多种不同用途和不同平台的工具，此处下载的目的是进行 Java 程序开发，故可选择"Eclipse IDE for Java Developers"以及"Windows x86_64"进行下载，下载后的文件为"eclipse-java-2021-06-R-win32-x86_64.zip"。

Eclipse 的安装非常简单，只需将下载的压缩包进行解压，然后双击其中的"eclipse.exe"文件即可。Eclipse 第一次启动时会要求用户选择一个工作空间（Workspace）用于存放项目源代码，如图 1-13 所示。

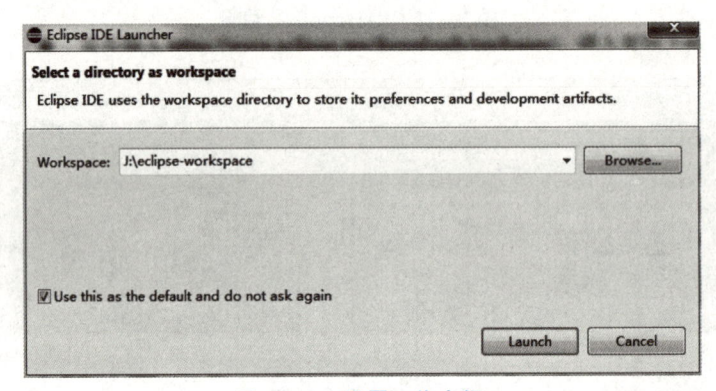

图 1-13 设置工作空间

【任务实训】

Eclipse 软件的使用方法如下。

（1）打开 Eclipse 软件，选择"File"→"New"→"Java Project"选项，输入项目名称"HelloJava"，如图 1-14 所示。

（2）单击"Next"按钮，可以对 Java 项目的源代码目录结构、项目所需类库等进行设置，也可以直接使用默认值。

（3）单击"Finish"按钮，再单击"Don't Create"按钮（不创建模块），如图 1-15 所示。

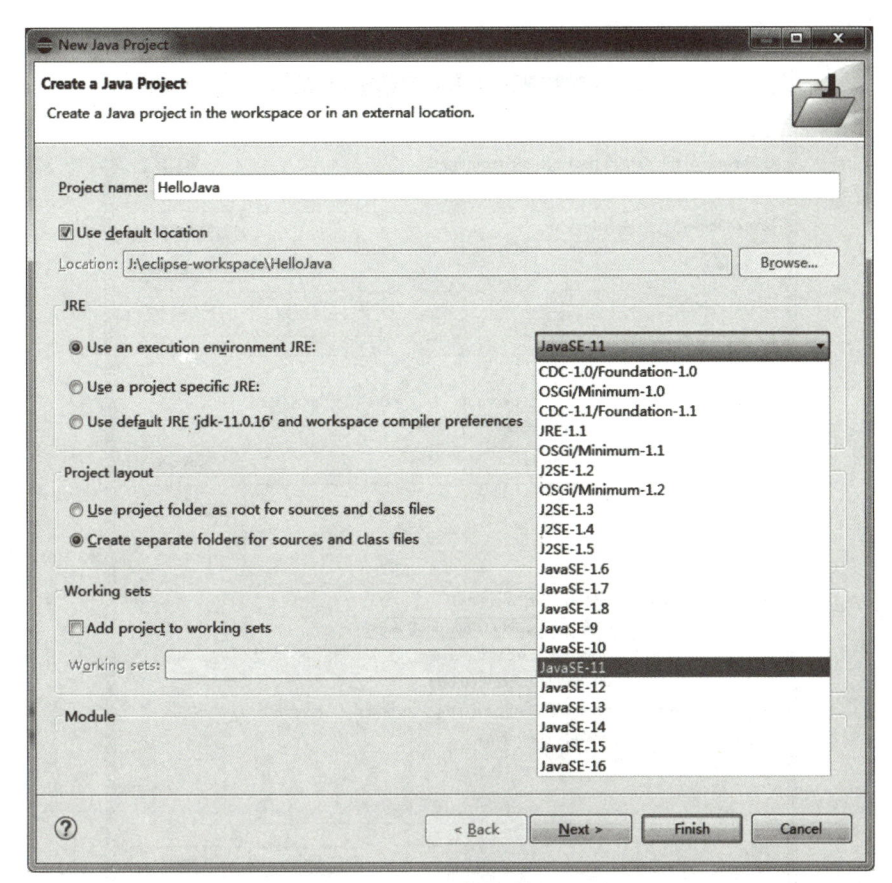

图 1－14　创建项目

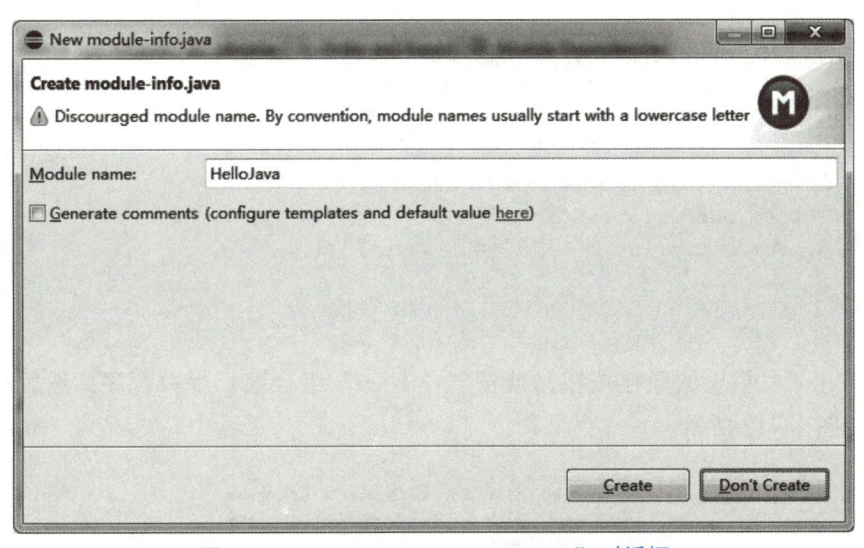

图 1－15　"New module – info. java" 对话框

（4）选择"HelloJava"项目，单击鼠标右键并选择"src"→"New"→"Class"选项，输入文件名"HelloWord"，勾选下面的"public static void main（String[ ]args）"复选框，单击

"Finish"按钮,如图1-16所示。

图1-16 创建Java项目

(5)创建"HelloWorld. java",然后输入如下代码。

```java
public class HelloWorld{

    public static void main(String[] args){
        System.out.println("铜仁职业技术学院欢迎你!");
        System.out.println("我最爱学习Java了!");
    }
}
```

(6)单击工具栏上的保存按钮(或按"Ctrl + S"组合键)保存程序,然后运行程序,运行结果如图1-17所示。

图1-17 程序运行结果

任务三　认识 Java 程序

【知识准备】

Java 程序的基本语法结构

1. Java 语句

在 Java 语言中，程序是由若干条语句构成的，每条语句必须使用分号作为结束符。除此之外，Java 语言对语句无任何其他限制，开发人员可以随意地用符合自己风格的方式编写程序。

例如，可以将一条语句放在多行中，示例如下。

```
String str = "Banana"
+ "Apple " + "Pear"
+ " Orange";
```

由于 Java 语言使用分号作为语句的结束符，所以上面的 3 行代码会被 Java 语言认为是一条语句，因为这 3 行中只有一个分号。但是，不推荐使用这种方式编写程序。同样，因为使用分号作为分隔符，也可以将多条语句放在一行来编写。例如，下面的示例代码也是正确的。

```
//不推荐写法
int m = 0,n,c; n = n + 10 ;n ++ ; c = m * n; System.out.println(c);
```

为了使程序语句排列得更加美观、容易阅读和排除错误，一般使用如下规则格式化源代码。

①在一行内只写一条语句，并采用空格、制表符来保证语句容易阅读。
②在每个复合语句内使用 Tab 制表符缩进。
③大括号总是放在单独的一行，以便于检查是否匹配。

1）空语句

所谓空语句（Empty Statement），就是在程序中什么都不做，也不包含实际性功能的语句。在程序中，空语句主要用来作为空循环体。

空语句的语法格式如下。

```
; //其实就是一个分号
```

执行一条空语句就是将控制转到该语句的结束点。这样，如果空语句是可到达的，则空语句的结束点也是可到达的。

2）表达式语句

在很多的高级语言中，有专门的赋值语句，而在 Java 语言中将赋值作为一个运算符，因此只有赋值表达式。在赋值表达式后面添加分号就成了独立的语句。

以下是一些表达式的示例语句。

```
5.76;
(m + n) /5;
x * y * z - y + (30 + x);
```

这些表达式能够被 Java 编译器识别,但是由于没有对程序进行任何操作,因此无任何意义。

一般表达式语句应该能完成一个操作,如修改变量的值或者作为方法参数等。具体方法是,在表达式的左侧指定一个变量来存储表达式的值,或者将表达式传递给方法。

以下是修改后的表达式语句。

```
m = 5.76;
output(m); //将 m 的值传递到 output() 方法中作为参数
sum = (m+n) /5;
System.out.println("%f",sum); //将 sum 的值传递到 printf() 方法中输出
temp = x * y * z - y + (30 + x); //将表达式的值保存到 temp 变量中
```

3) 复合语句

复合语句又称为语句块,是很多条语句的组合,因此可以将多条语句看作单个语句。复合语句的语法格式如下。

```
{
    statement - list //语句列表
}
```

可以看到复合语句由一个被包含在大括号内的可选 statement - list 组成。statement - list 是由一条或者多条语句组成的列表,如果不存在 statement - list,则称该语句块是空的。

语句块的执行规则如下。

(1) 如果语句块是空的,控制转到语句块的结束点。

(2) 如果语句块不是空的,控制转到语句列表。当控制到达语句列表的结束点时,控制转到语句的结束点。

创建一个语句块,该语句块包含 3 条语句,如下所示。

```
{
    w = 20; //为 w 变量赋值
    h = 50; //为 h 变量赋值
    area = w * h; //计算 w 变量和 h 变量的乘积
}
```

上述代码执行后,area 变量的值为 1000。上述语句块中大括号内包含 3 条语句。第一条语句为 w 变量赋值,第二条语句为 h 变量赋值,第三条语句则将 w 和 h 相乘,结果保存在 area 变量中。

2. Java 程序的分类

Java 程序按其实现环境通常可分为两类：Java Application、Java Applet。

（1）Java Application：独立的 Java 应用程序，只需要 Java 虚拟机就能够运行，可在命令行单独执行。

（2）Java Applet：小应用程序，不能单独运行，必须依附于一个用 HTML 语言编写的网页并嵌于其中，通过与 Java 兼容的浏览器来控制执行。当浏览器装入一个含有 Java Applet 的 Web 页时，Java Applet 会被下载到该浏览器中并开始执行。

3. 对 Java 程序的解释

```
单行注释：// 注释内容
多行注释：/*...  注释内容....*/
文本注释：/**..  注释内容....*/
```

【任务实训】

打开集成开发工具 Eclipse，新建一个名为"project1"的 Java 项目，新建一个名为"Example1-2"的类，输入下列代码，并查看运行结果。

```java
package task3;

public class Example1_2 {
    public static void main(String[] args) {
        int a = 10;
        char b = '@';
        String c = "你好,铜仁职业技术学院欢迎你学习Java语言程序设计!";
        System.out.println(a);
        System.out.println(b);
        System.out.println(c);
    }
}
```

运行结果为如下。

```
10
@
你好,铜仁职业技术学院欢迎你学习Java语言程序设计!
```

任务四　拓展训练

【编程测试】

（1）查看本机的程序运行环境，设置环境变量。

（2）编写一个输出学生个人信息的简单程序（包括学生的姓名、年龄、学校、班级、联系电话等信息）。

项目二 学生基本信息处理

【知识目标】

(1) 掌握 Java 标识符和关键字的概念和应用。
(2) 掌握几种常用基本数据类型的概念和应用。
(3) 掌握数据常量和变量的应用。
(4) 理解参数传递方式。
(5) 掌握逻辑运算符、算术运算符和位运算符的使用方法。
(6) 掌握数组的定义及使用方法。
(7) 掌握字符与字符串的处理方法。

【能力目标】

(1) 会使用标识符命名规则,掌握运算符的优先级。
(2) 会定义和使用各种常量、变量。
(3) 会进行参数传递。
(4) 会使用数组。
(5) 会使用字符与进行字符串处理。

任务一 认识信息数据基本类型

【知识准备】

一、关键字与标识符

1. 关键字

关键字是由 Java 系统定义、具有特殊意义和用途的符号,用小写字母表示。Java 语言目前定义了 51 个关键字,这些关键字不能作为变量名、类名和方法名来使用。关键字的分类如下。

(1) 数据类型:boolean、int、long、short、byte、float、double、char、class、interface。

(2) 流程控制:if、else、do、while、for、switch、case、default、break、continue、return、try、catch、finally。

（3）修饰符：public、protected、private、final、void、static、strict、abstract、transient、synchronized、volatile、native。

（4）动作：package、import、throw、throws、extends、implements、this、supper、instanceof、new。

（5）保留字：goto、const。

提示：由于Java语言区分大小写，所以public是关键字，而Public则不是关键字。为了保证程序的清晰性及可读性，要尽量避免使用关键字的其他形式进行命名。

2. 案例分析

程序如下。

```java
public class Example2_1 {
    public static void main(String[] args) {
        int  a = 50;
        int  b = 30;
        int  x = a + b;
        System.out.println("x = " + x);
    }
}
```

其中public、static、void、int等都是关键字。

3. 标识符

（1）标识符是程序员在编写程序的过程中根据需要为各个元素定义的名字。

（2）标识符的命名规则如下。

①由字母 A～Z、a～z、数字、下划线"_"、美元符号＄组成。

②Java语言中的标识符严格区分大小写，不能以数字开头，没有长度限制。

③类名首个字母必须大写，由多个单词组成的，每个单词的首字母都要大写。

④方法名一般首个字母小写（构造方法例外），由多个单词组成的，后面每个单词的首字母都要大写。

⑤变量命名规则与方法命名规则相同。

⑥标识符不能与关键字同名。

例如：a，a1，student_2，＄t1等是合法的标识符；3a，5_st，while等是不合法的标识符。

二、常量与变量

1. 常量

常量是用来暂时存放数据的内存空间，在程序运行过程中其值保持不变。

常量的定义也要严格遵循标识符的定义规则。

例如：

```java
final double PI = 3.14;
```

(1) 常量需要有 final 修饰符修饰。
(2) 常量在声明时必须初始化。
(3) 常量的值是不可改变的，即一次赋值，永不改变。
(4) 常量标识符通常为大写，且多个单词用下划线连接。

注意：有时候常量也可以不在声明时初始化。

2. 变量

变量是用来暂时存放数据的内存空间，在程序运行过程中，其值可能发生改变。变量名必须是合法的标识符。

变量的定义格式为：[访问修饰符][修饰符]数据类型 变量名[=初始值]。

例如：

```
public static int a = 0;
    byte b = 2;
```

Java 程序通过声明的变量来申请地址空间，并通过变量名来访问地址空间中的数值。
变量的命名原则如下

(1) 是由字母、数字（0，…，9）、下划线和"$"符号构成的一个符号序列。
(2) 只能以字母（a~z 和 A~Z）、下划线（"_"）和"$"符号开头，不能以数字开头。
(3) 不能与关键字重名。

例如：a,_a,StudentName,$8 均是合法的变量名，而 -q 和 9c 是非法的变量名。关键字不能用作变量名。

注意：Java 语言对变量区分大小写，其中包含中文等其他字符，例如如下变量的定义是合法的，但一般不建议使用。

```
String 张 = "张三";    //合法,但不建议使用中文字符作为变量名
```

三、Java 语言的数据类型

1. 数据类型

Java 语言的数据类型如图 2-1 所示。
基本数据类型的位数、默认值及取值范围见表 2-1 所示。

2. 数据类型转换

整型、实型、字符型数据可以进行混合运算。在运算中，不同类型的数据先转化为同一类型，再进行计算。Java 语言的数据类型转换一般分三种：简单数据类型之间的转换、字符串与其他数据类型的转换、其他实用数据类型的转换。

1) 简单数据类型之间的转换

在 Java 语言中，整型、实型和字符型被视为简单数据类型，这些数据类型由低级到高级分别为（byte、short、char）→int→long→float→double。简单数据类型之间的转换又可以分为：低级到高级的自动类型转换、高级到低级的强制类型转换、包装类过渡类型转换。

图 2-1　Java 语言的数据类型

表 2-1　基本数据类型

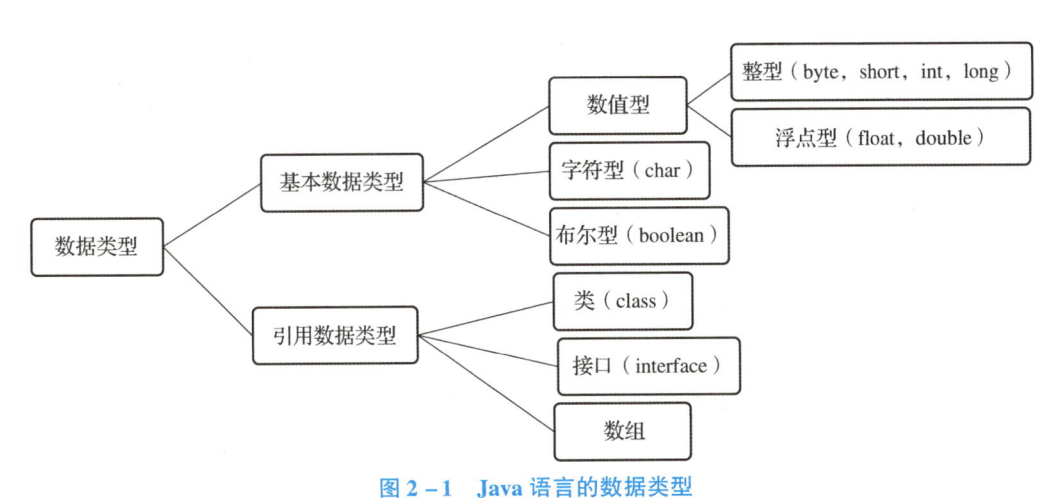

序号	数据类型	位数	默认值	取值范围	举例说明
1	byte（位）	8	0	$-2^7 — 2^7-1$	byte b = 10;
2	short（短整数）	16	0	$-2^{15} — 2^{15}-1$	short s = 10;
3	int（整数）	32	0	$-2^{31} — 2^{31}-1$	int i = 10;
4	long（长整数）	64	0	$-2^{63} — 2^{63}-1$	long l = 10L;
5	float（单精度）	32	0.0	$-2^{31} — 2^{31}-1$	float f = 10.0f;
6	double（双精度）	64	0.0	$-2^{63} — 2^{63}-1$	double d = 10.0;
7	char（字符）	16	空	$0 — 2^{16}-1$	char c = 'c';
8	boolean（布尔值）	8	false	true、false	boolean b = true;

（1）自动类型转换：低级变量可以直接转换成高级变量。

注意：如果低级类型为 char，它向高级类型转换时，会转换成对应的 ASCII 码值。

对于 byte、short、char 三种类型而言，它们是相同级别的，因此，不能相互自动转换，但是可以进行强制类型转换。"eg:short s = 99 ; char c = (char)s ;"，则 c 表示的字符为 'c'。

（2）强制类型转换：将高级变量转换为低级变量时，需要进行强制类型转换，这种转换可能导致溢出或精度下降。

（3）包装类过渡类型转换：Java 语言的包装类就是可以直接将简单类型的变量表示成一个类。Java 语言共有 8 个包装类，分别是 Boolean、Character、Byte、Short、Integer、Long、Float、Double，从字面上可以看出它们分别对应一种基本数据类型。

在进行简单数据类型之间的转换（自动类型转换或强制类型转换）时，可以利用包装类进行中间过渡。一般情况下，首先声明一个变量，然后生成一个对应的包装类，即可以利用包装类的各种方法进行类型转换。

```
float f = 120.00f;
Float F1 = new Float(f);        // 从 JDK9 已被抛弃,建议使用 Float.valueOf()
Float F2 = Float.valueOf(f);
double d1 = F1.doubleValue();
```

2）字符串与其他数据类型的转换

通过查阅类库中各个类提供的成员方法可以看出，几乎从 java.lang.Object 类派生出的所有类都提供了 toString() 方法，可以将该类转化为字符串。数据类型的包装类都可以利用 toString() 方法将对应的数据转化为字符串。

3）将字符型数据直接作为数字转化为其他数据类型

将字符型变量转化为数值型变量实际上有两种对应关系：一种是将其转化为对应的 ASCII 码值；另一种是转换关系，例如：将 '4' 转化为 4，而不是 ASCII 码值。对于第二种对应关系，可以使用 Character 的 getNumericValue(char ch) 方法。

【任务实训】

（1）在"project1"项目中新建一个名为"Example2_2"的类，打开"Example2_2"，输入下列代码并查看运行结果。

```java
public class Example2_2 {
    public static void main(String[] args) {
        int a = 50;
        byte b = 30;
        char ch = '#';
        String s = "Hello,welcome to study Java!";
        System.out.println(a);
        System.out.println(b);
        System.out.println(ch);
        System.out.println(s);
    }
}
```

（2）在"project1"项目中新建一个名为"Example2_3"的类，打开"Example2_3"，输入下列代码，查看运行结果并修改错误代码。

```java
public class Example2_3 {
    public static void main(String[] args) {
        long stid = 202032001;
        byte score1 = 95;
        char sex = '男';
        String name = "张三";
        System.out.println(stid);
        System.out.println(score1);
        System.out.println(sex);
        System.out.println(name);
    }
}
```

（3）在"project1"项目中新建一个名为"Example2_4"的类，打开"Example2_4"，输入下列代码，查看运行结果。

```java
public class Example2_4 {
    public static void main(String[] args) {
        char a = 1;
        int b = 4;
        double c = 24.6;
        byte d;
        d = (byte)(a + b + c);
        short e;
        e = (short)(a + b + c);
        int f;
        f = (int)(a + b + c);
        double g;
        g = a + b + c;
        System.out.println("d = " + d);
        System.out.println("e = " + e);
        System.out.println("f = " + f);
        System.out.println("g = " + g);
    }
}
```

任务二　运算符与表达式的使用

【知识准备】

Java 语言的运算符主要包括：算术运算符、关系运算符、逻辑运算符、位运算符和三元条件运算符。

一、算术运算符

1. 简单算术运算符

简单算术运算符见表 2-2。

表 2-2　简单算术运算符

运算符	功能描述（int a = 50，b = 30）
+	加法运算符，例：a + b，结果为 80
-	减法运算符，例：a - b，结果为 20
*	乘法运算符，例：a * b，结果为 1500
/	除法运算符，例：a/b，结果为 1
%	求余运算符，例：a%b，结果为 20

运行文件"Example2_5.java",具体代码如下。

```java
public class Example2_5 {
    public static void main(String[] args) {
        int x = 8, y = 3;
        int z = x / y;
        int m = x + y;
        int n = x % y;
        System.out.println(x + "," + y + "," + z + "," + m + "," + n);
    }
}
```

其运行结果如下。

8,3,2,11,2

2. 赋值运算符

赋值运算符"="的功能是将等号右边的值赋给等号左边的表达式。

例:

```java
int c = 40;          //将40赋给等号左边的变量c
char ch = 'b';       //将字符b赋给等号左边的变量ch
```

3. 复合运算符

复合运算符见表2-3。

表2-3 复合运算符

运算符	功能描述(int a = 50, b = 30)
+=	a + = b 等价于 a = a + b,结果为 a = 80
-=	a - = b 等价于 a = a - b,结果为 a = 20
*=	a * = b 等价于 a = a * b,结果为 a = 1500
/=	a / = b 等价于 a = a / b,结果为 a = 1
%=	a % = b 等价于 a = a % b,结果为 a = 20

4. 一元递增运算符(++)和一元递减运算符(--)

它们又称为一元运算符,因为它们用于单个变量。

(1) 一元递增运算符(++)也叫作自加运算符,用于将整数变量的值加1,或者将浮点变量的值加1.0。

例:

```java
int a = 10;
a++;
++a;
```

(2) 一元递减运算符（--）也叫作自减运算符，用于将整数变量的值减 1，或者将浮点变量的值减 1.0。

例：

```
int b = 20;
    a--;
    --a;
```

注：在使用自加自减符时一定要注意它作为前缀和作为后缀时的区别。

例：

```
int i = 20;
int j = i++;
int m = ++i;
System.out.println(i+","+j+","+m);
```

其运行结果为：22，20，22。

二、关系运算符

关系运算符不能同其他类型的变量一同参与运算，例如假设 a，b，c 是三个整型变量，那么 a = b == c 是正确还是错误？

关系运算符用于对象时，作用是判别两个引用是否代表同一个对象，而不是判断两个引用所指向的对象是否同属一个类。关系运算符见表 2-4。

表 2-4 关系运算符

运算符	功能描述（int a = 50，b = 30），运算结果为 true 或 false
==	等于，a == b，运算结果为 false
!=	不等于，a != b，运算结果为 true
>	大于，a > b，运算结果为 true
<	小于，a < b，运算结果为 false
>=	大于等于，a >= b，运算结果为 true
<=	小于等于，a <= b，运算结果为 false

三、逻辑运算符

逻辑运算符有 &&、||、! 和 ^，分别是与、或、非及异或，见表 2-5。运算结果是 true 或 false。

表 2-5 逻辑运算符

符号	名称	功能说明
&&	逻辑与	两个条件同时为 true，则整个表达式才为 true，否则为 false
||	逻辑或	两个条件中有一个为 true，则整个表达式为 true，否则为 false
!	逻辑非	对原表达式值取反
^	异或	两个条件都为 true 或都为 false 时，运算结果为 false，否则为 false

四、位运算符

位运算符有 &、|、^、~、≪、≫，分别称为按位与、按位或、取反、异或、左移、右移。

Java 语言引入了一个专门用于逻辑右移的运算符 >>>，它采用了所谓的零扩展技术，不论原值是正或负，一律在高位补 0。例如：

```
int a = 4 ,b;
b=a>>>1;   //2
```

五、三元条件运算符

语法格式：

```
(exp)?(exp1):(exp2);
```

要求：(exp1) 与 (exp2) 必须同类型。

运算结果：当 exp 的值为 true 时，取 exp1 的值作为整个表达式的值，反之取 exp2 的值作为整个表达式的值。

六、运算符的优先级

运算符的优先级见表 2-6。

表 2-6 运算符的优先级

优先级	运算符	结合性
1	()、[]	从左向右
2	!、+、-、~、++、--	从右向左
3	*、/、%	从左向右
4	+、-	从左向右
5	≪、≫、>>>	从左向右

续表

优先级	运算符	结合性
6	<、<=、>、>=	从左向右
7	==、!=	从左向右
8	&	从左向右
9	^	从左向右
10	|	从左向右
11	&&	从左向右
12	||	从左向右
13	?:	从右向左
14	=、+=、-=、*=、/=、&=、|=、^=、!=、<<=、>>=、>>>=	从右向左

七、表达式

表达式是由数字、运算符、括号、常量、变量等能求得结果的有意义的排列组合。

例："Example2_6. java"代码如下。

```
public class Example2_6 {
    public static void main(String[] args) {
        int a =10;
        int b =30;
        int c,d;
        String s1 = "Hello";
        String s2 = " welcome!";
        String s;
        c = a + b;       //40
        d = a * b;       //300
        s = s1 + s2;     //Hello welcome!
    }
}
```

【任务实训】

（1）在"project1"项目中新建一个名为"Example2_7"的类，打开"Example2_7"，输入下列代码并查看运行结果。

```
public class Example2_7 {
    public static void main(String[] args) {
        int e = 1;
```

```java
            int f = 4;
            int g = 7;
            float m = 10.5F;
            float k;
            k = m /7;
            int d = g % f;
            int n = f * g;
            int l;
            l = (int)(g + m);
            System.out.println(k);
            System.out.println(d);
            System.out.println(n);
            System.out.println(l);
    }
}
```

（2）打开集成开发工具 Eclipse，在"project1"项目中新建一个名为"Example2_8"的类，打开"Example2_8"，输入下列代码并查看运行结果。

```java
public class Example2_8 {
    public static void main(String[] args) {
        int a = 10;
        int b = 20;
        int c = 15;
        boolean d = a > b;
        float m = 5.78F;
        int n = (int)m;
        System.out.println(a);
        System.out.println(b);
        System.out.println(c);
        System.out.println(d);
        System.out.println(m);
        System.out.println(n);
    }
}
```

（3）打开集成开发工具 Eclipse，在"project1"项目中新建一个名为"Example2_9"的类，打开"Example2_9"，输入下列代码并查看运行结果。

```java
public class Example2_9 {
    public static void main(String[] args) {
        float price1 = 28.9f;                                   //定义书本的价格
        double price2 = 5.86;                                   //定义笔记本的价格
        int num1 = 2;                                           //定义书本的数量
        int num2 = 4;                                           //定义笔记本的数量
        double res1 = price1 * num1 + price2 * num2;            //计算总价
        int res2 = (int)(price1 * num1 + price2 * num2);        //计算总价
```

```
            System.out.println("一共付给收银员" + res1 + "元");  //输出总价
            System.out.println("一共付给收银员" + res2 + "元");  //输出总价
    }
}
```

（4）打开集成开发工具 Eclipse，在"project1"项目中新建一个名为"Example2_10"的类，打开"Example2_10"，输入下列代码并查看运行结果。

```
public class Example2_10 {
    public static void main(String[] args) {
        int a = 15;
        int b = 2;
        System.out.println(a + "&" + b + " = " + (a & b));
        System.out.println(a + "|" + b + " = " + (a | b));
        System.out.println(a + "^" + b + " = " + (a ^ b));
    }
}
```

任务三 学生信息的输入/输出

【知识准备】

输入/输出可以说是计算机的基本功能。作为一种语言体系，Java 语言主要按照流（stream）的模式实现输入/输出，其中数据的流向是按照计算机的方向确定的，流入计算机的数据流叫作输入流（inputStream），由计算机发出的数据流叫作输出流（outputStream）。

在 Java 语言体系中，对数据流的主要操作都封装在 java.io 包中，通过 java.io 包中的类可以实现计算机对数据的输入/输出操作。在编写输入/输出操作代码时，需要用 import 语句将 java.io 包导入应用程序所在的类，才可以使用 java.io 中的类和接口。

一、输入语句

1. 使用 Scanner 类

（1）使用 java.util 包。

```
import java.util.*;
```

（2）构造 Scanner 类对象，它附属于标准输入流 System.in。

```
Scanner s = new Scanner(System.in);
```

（3）常用的 next() 方法系列如下。

①nextInt()：输入整数。
②nextLine()：输入字符串。
③nextDouble()：输入双精度数。

④next( ):输入字符串（以空格作为分隔符）。

例："Example2_11.java"代码如下。

```java
import java.util.Scanner;
public class Example2_11 {
    public static void main(String[] args) {
        Scanner s = new Scanner(System.in);
        System.out.print("输入你的姓名:");
        String name = s.nextLine();
        System.out.print("输入你的年龄:");
        int age = s.nextInt();
        System.out.println("姓名:" + name + " 年龄:" + age );
        s.close();          //若没有关闭 Scanner 对象将会出现警告
    }
}
```

注释：代码第1行创建了一个 Scanner 类的对象，这个对象是用来输入的。后面的代码是从控制台的输入中取出一个值，赋给对应的变量。

2. 使用 java.io.BufferedReader 和 java.io.InputStreamReader

（1）使用 java.io 包。

```java
import java.io.*;
```

（2）构造 BufferedReader 类对象，它附属于标准输入流 System.in。

```java
BufferedReader br = new BufferedReader(new InputStreamReader(System.in));
```

二、输出语句

Java 语言常用的输出方法为 println( )，除了 println( ) 方法之外，还有 print( ) 和 printf( ) 两种输出方法。

print( )、println( )、printf( ) 的区别如下。

（1） print(输出项)：实现不换行输出，输出项可以是变量名、常量、表达式。

（2） println(输出项)：输出数据后换行，输出项可以是变量名、常量、表达式。

（3） printf("格式控制部分"，表达式1，表达式2，…，表达式 n)：格式控制部分由"格式控制符 + 普通字符"组成。

三、扩展内容（输入/输出流）

1. 输入流

Java 流功能相关的类都封装在 java.io 包中，而且每个数据流都是一个对象。所有输入流类都是 InputStream 抽象类（字节输入流）和 Reader 抽象类（字符输入流）的子类。其中 InputStream 类是字节输入流的抽象类，是所有字节输入流的父类，其层次结构如图 2-2 所示。

```
                           ┌──  FileInputStream
                           │    文件输入流
                           │
                           ├──  PipedInputStream
                           │    管道输入流
                           │
                           ├──  ObjectInputStream         ┌──  PushBackInputStream
                           │    对象输入流                 │    回压输入流
                           │                              │
  InputStream ─────────────┤                              │
  字节输入流                ├──  FilterInputStream  ───────┼──  BufferedInputStream
                           │    过滤器输入流               │    缓冲输入流
                           │                              │
                           │                              └──  DataInputStream
                           ├──  SequenceInputStream            数据输入流
                           │    顺序输入流
                           │
                           ├──  ByteArrayInputStream
                           │    字节数组输入流
                           │
                           └──  StringBufferInputStream
                                缓冲字符串输入流
```

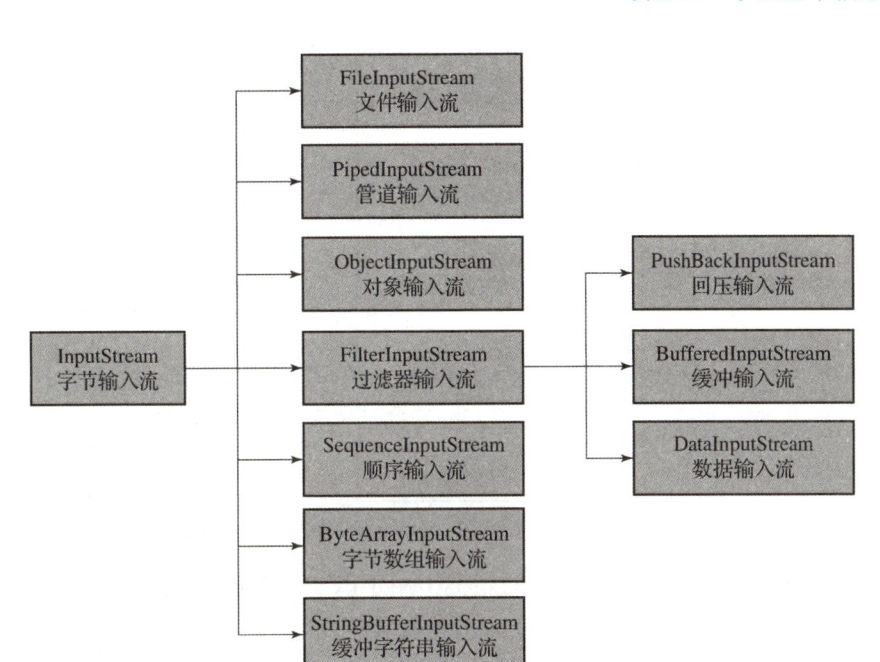

图 2-2　InputStream 类的层次结构

常用方法如下。

(1) int read()：从输入流读入一个 8 字节的数据，将它转换成一个 0~255 的整数，返回一个整数，如果遇到输入流的结尾则返回 -1。

(2) int read(byte[ ] b)：从输入流读取若干字节的数据保存到参数 b 指定的字符数组中，返回的字节数表示读取的字节数，如果遇到输入流的结尾则返回 -1。

(3) int read(byte[ ] b,int off,int len)：从输入流读取若干字节的数据保存到参数 b 指定的字节数组中，其中 off 是指在数组中开始保存数据位置的起始下标，len 是指读取字节的位数，返回的是实际读取的字节数，如果遇到输入流的结尾则返回 -1。

(4) void close()：关闭数据流，当完成对数据流的操作之后需要关闭数据流。

(5) int available()：返回可以从数据源读取的数据流的位数。

(6) skip(long n)：从输入流跳过参数 n 指定的字节数目。

(7) boolean markSupported()：判断输入流是否可以重复读取，如果可以就返回 true。

(8) void mark(int readLimit)：如果输入流可以被重复读取，从流的当前位置开始设置标记，readLimit 指定可以设置标记的字节数。

(9) void reset()：使输入流重新定位到刚才被标记的位置，这样可以重新读取标记过的数据。

2. 输出流

在 Java 中所有输出流类都是 OutputStream 抽象类（字节输出流）和 Writer 抽象类（字符输出流）的子类，其中 OutputStream 类是字节输出流的抽象类，是所有字节输出流的父类，其层次结构如图 2-3 所示。

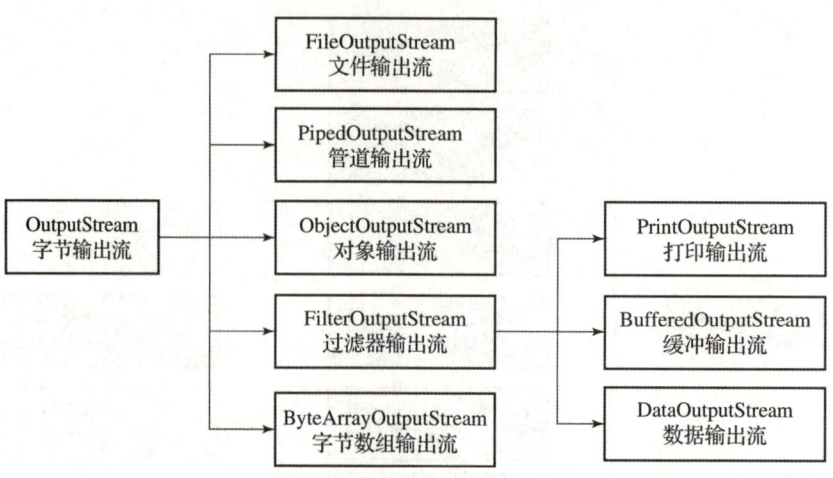

```
                    ┌──  FileOutputStream 文件输出流
                    │
                    ├──  PipedOutputStream 管道输出流
                    │
OutputStream        ├──  ObjectOutputStream 对象输出流  ──  PrintOutputStream 打印输出流
字节输出流          │
                    ├──  FilterOutputStream 过滤器输出流  ──  BufferedOutputStream 缓冲输出流
                    │
                    └──  ByteArrayOutputStream 字节数组输出流  ──  DataOutputStream 数据输出流
```

图 2-3　OutputStream 类的层次结构

OutputStream 类是所有字节输出流的超类，用于以二进制的形式将数据写入目标设备，该类是抽象类，不能被实例化。OutputStream 类提供了一系列与数据输出有关的方法，具体如下。

（1）int write（b）：将指定字节的数据写入输出流。

（2）int write（byte[ ] b）：将指定字节的数组的内容写入输出流。

（3）int write（byte[ ] b,int off,int len）：将指定字节的数组从 off 位置开始的 len 字节的内容写入输出流。

（4）close（）：关闭数据流，当完成对数据流的操作之后需要关闭数据流。

（5）flush（）：刷新输出流，强行将缓冲区的内容写入输出流。

（6）字符输出流的父类是 Writer，其层次结构如图 2-4 所示。

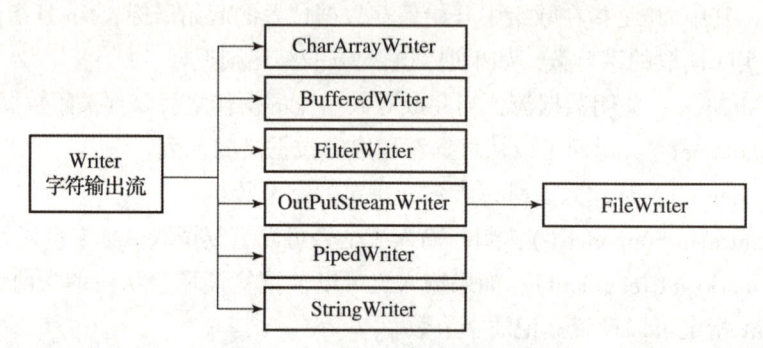

```
                  ┌──  CharArrayWriter
                  ├──  BufferedWriter
Writer            ├──  FilterWriter
字符输出流        ├──  OutPutStreamWriter  ──  FileWriter
                  ├──  PipedWriter
                  └──  StringWriter
```

图 2-4　Writer 类的层次结构

每个 Java 程序运行时都带有一个系统流，系统流对应的类为 java.lang.System。System 类封装了 Java 程序运行时的 3 个系统流，分别通过 in、out 和 err 变量引用。这些变量的作用域为 public 和 static，因此在程序的任何部分都无须引用 System 对象即可以使用它们。

（1）System.in：标准输入流，默认设备是键盘。

（2）System.out：标准输出流，默认设备是控制台。

（3）System.err：标准错误流，默认设备是控制台。

【任务实训】

（1）打开集成开发工具 Eclipse，在前面所建的"project1"项目中新建一个名为"Example2_12"的类，打开"Example2_12"，输入下列代码并查看运行结果。

```java
import java.io.IOException;
public class Example2_12 {
    public static void main(String[] args) {
        byte[] byteData = new byte[100];  //声明一个字节数组
        System.out.print("请输入英文:");
        try {
            System.in.read(byteData);
        } catch (IOException e) {
            e.printStackTrace();
        }
        System.out.println("您输入的内容如下:");
        for (int i = 0; i < byteData.length; i ++) {
            System.out.print((char) byteData[i]);
        }
    }
}
```

（2）在"project1"项目中新建一个名为"Example2_13"的类，打开"Example2_13"，输入下列代码并查看运行结果。

```java
import java.util.Scanner;
public class Example2_13 {
    public static void main(String[] args) {
        Scanner s = new Scanner(System.in);
        System.out.println("请输入学生信息:");
        System.out.println("请输入学生姓名:");
        String name = s.next();
        System.out.println("请输入学生年龄:");
        int age = s.nextInt();
        System.out.println("请输入学生电话:");
        String phone = s.next();
        System.out.println("请输入学生班级:");
        String stclass = s.next();
        System.out.println("学生姓名为:" +name);
        System.out.println("学生年龄为:" +age);
        System.out.println("学生电话为:" +phone);
        System.out.println("学生班级为:" +stclass);
    }
}
```

任务四 学生成绩处理

【知识准备】

流程是人们生活中不可或缺的一部分，它表示人们每天都在按照一定的程序做事，例如出门搭车、上班、下班、搭车回家。这其中的步骤是有顺序的。程序设计也需要有流程控制语句来完成用户的要求，根据用户的输入决定程序要进入什么流程，即"做什么"以及"怎么做"等。

从结构化程序设计的角度出发，程序有 3 种结构：顺序结构、选择结构和循环结构。

到目前为止，所编写的程序都属于顺序结构。但是事物的发展往往不会遵循设定好的轨迹进行，因此，所设计的程序还需要具有能够在不同的条件下处理不同的问题以及当需要进行一些相同的重复操作时，省时省力地解决问题的能力。

一、顺序结构

若在程序中没有给出特别的执行目标，则系统默认按代码的先后顺序自上而下一行一行地执行程序，这类程序结构称为顺序结构。

二、选择结构

1. 不带 else 子句的选择语句

1）语法格式

```
if(关系表达式){
    语句体;
}
```

2）执行过程

当关系表达式的值为 true 时执行语句体，否则执行 if 语句后面的语句。

3）流程图

流程图如图 2-5 所示。

4）案例分析

```
public class Example2_14 {
    public static void main(String[] args) {
        int score = 87;
        //判断学生成绩是否大于60,如果大于60则输出:该成绩大于60!
        if(score >60) {
            System.out.println("该成绩大于60!");
        }
    }
}
```

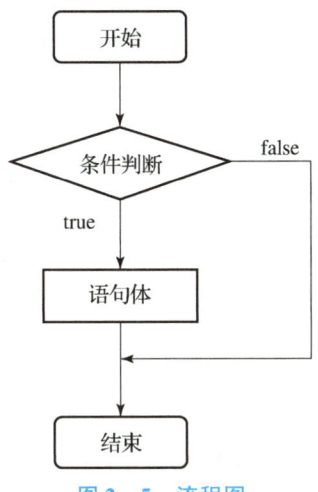

图 2-5　流程图

2. 带 else 子句的选择语句

1）语法格式

```
if(关系表达式){
    语句体 A;
}
else{
语句体 B;
}
```

2）执行过程

当关系表达式的值为 true 时执行语句体 A，否则执行语句体 B。

3）流程图

流程图如图 2-6 所示。

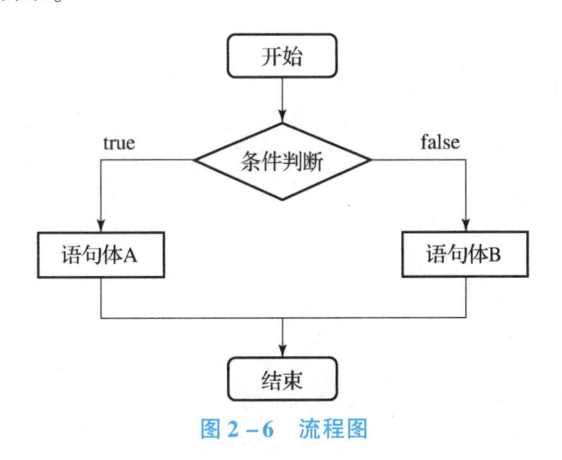

图 2-6　流程图

4）案例分析

[案例 2.1] 判断学生成绩是否及格。代码如下。

```java
public class Example2_15 {
    public static void main(String[] args) {
        int score = 87;
        //判断其是及格还是不及格
        if(score >=60) {
            System.out.println(score + "该成绩为及格");
        }else {
            System.out.println(score + "该成绩为不及格");
        }
    }
}
```

运行结果：87 为及格。

[案例 2.2] 判断学生是否为"计算机网络专业"的学生。代码如下。

```java
public class Example2_16 {
    public static void main(String[] args) {
        int zhuanye = 0;   //1 表示计算机网络专业学生,0 表示非计算机网络专业学生
        //判断其是否是计算机网络专业学生
        if(zhuanye == 1) {
            System.out.println("该学生是计算机网络专业学生!");
        }else {
            System.out.println("该学生不是计算机网络专业学生!");
        }
    }
}
```

3. 嵌套的 if 语句

1) 语法格式

```
if(表达式1)
{
    if(表达式2)
    {
        语句块1;
    }
    else
    {
        语句块2;
    }
}
else
{
    if(表达式3)
    {
        语句块3;
    }
```

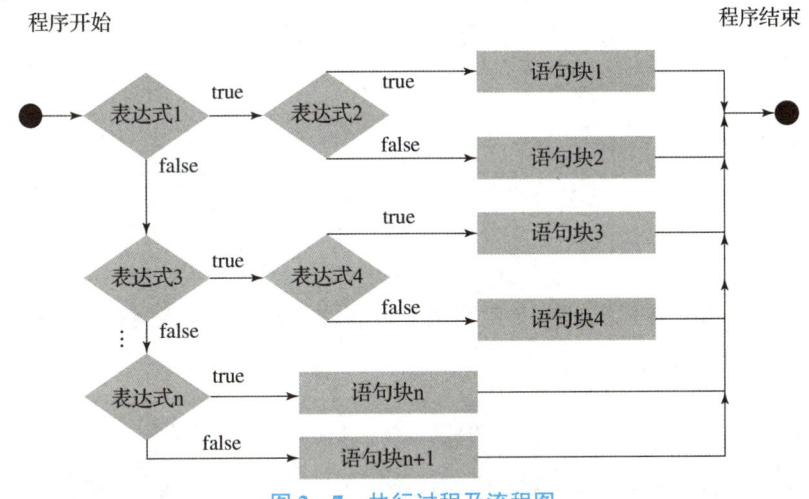

```
        else if( 表达式 4)
        {
            语句块 4;
        }
        else
        {
            if( 表达式 n)
            {
                语句块 n;
            }
            else
            {
                语句块 n +1;
            }
        }
}
```

2) 执行过程及流程图

执行过程及流程图如图 2 – 7 所示。

图 2 – 7　执行过程及流程图

3) 案例分析

［案例 2.3］ 根据学生成绩判断成绩等级（90 ~ 100 分为等级 A；80 ~ 89 分为等级 B；60 ~ 79 分为等级 C；0 ~ 59 分为等级 D）。代码如下。

```java
import java.util.Scanner;
public class Example2_17 {
    public static void main(String[] args) {
        Scanner sc = new Scanner(System.in);
        System.out.println("请输入学生成绩:");
        int score = sc.nextInt();
```

```java
        System.out.print("学生成绩等级:");
        if (score <= 59 && score >= 0) {
            System.out.println("D");
        } else if (score <= 79 && score >= 60) {
            System.out.println("C");
        } else if (score <= 89 && score >= 80) {
            System.out.println("B");
        } else if (score <= 100 && score >= 90) {
            System.out.println("A");
        } else {
            System.out.println("选择种类有误,请重新输入!");
        }
    }
}
```

上述代码将用户输入的学生成绩保存到变量 score 中,接下来判断变量 score 的范围。如果变量 score 为 0~59,则执行"System.out.println("D");";如果变量 score 为 60~79,则执行"result = result * 0.5, System.out.println("C");";如果变量 score 为 80~89,则执行"System.out.println("B");";如果变量 score 为 90~100,则执行"System.out.println("A");";当用户输入有误时,根据错误情况给予不同的提示。

输出结果如下。

```
请输入学生的成绩:
85
学生成绩等级:
B
```

[案例 2.4] 根据专业代码判断学生所属专业名称(1 为计算机网络专业;2 为人工智能专业;3 为大数据技术专业)。代码如下。

```java
import java.util.Scanner;
public class Example2_18 {
    public static void main(String[] args) {
        Scanner sc = new Scanner(System.in);
        System.out.println("请输入专业代码:");
        int zhuanye = sc.nextInt();
        System.out.println("学生专业名称:");
        if (zhuanye == 1) {
            System.out.println("计算机网络专业");
        } else if (zhuanye == 2) {
            System.out.println("人工智能专业");
        } else if (zhuanye == 3) {
            System.out.println("大数据技术专业");
        } else {
            System.out.println("专业代码有误,请重新输入!");
        }
    }
}
```

4. 多分支语句（switch…case）

1）语法格式

```
switch(表达式){    //表达式的值最终与 case 常量比较
case 常量 1:
    语句体 1;
    break;    //遇到 break 结束
case 常量 2:
    语句体 2;
    break;
    ……
case 常量 n:
    语句体 n;
    break;
default:    //default 作用是收尾
    语句体 n+1;
    break;    //最后一个 break 可以省略,但不建议
}
```

说明如下。

（1）在 n 个语句体中选择一个执行，如果 n 个语句体中没有可执行语句，则执行 default 后的语句体 n+1。

（2）任意一个语句体执行到 break 结束。

2）执行过程

（1）计算出表达式的值域。

（2）和 case 后的值依次比较，一旦找到对应的值，就执行相应 case 后的语句，在执行过程中遇到 break 结束。

（3）如果和所有 case 后的值都不匹配，则执行 default 后的语句体，然后结束判断。

3）流程图

流程图如图 2-8 所示。

4）案例分析

[案例 2.5] 根据学生成绩判断成绩等级（90~100 分为等级 A；80~89 分为等级 B；60~79 分为等级 C；0~59 分为等级 D）。代码如下。

```java
import java.util.Scanner;
public class Example2_19 {
    public static void main(String[] args) {
        System.out.println("请输入成绩:");
        Scanner sc = new Scanner(System.in);
        int a1 = sc.nextInt();
        switch (a1 /10) {
            case 10:
            case 9:
```

```
                System.out.print("A");
                break;
            case 8:
                System.out.println("B");
                break;
            case 7:
                System.out.println("B");
                break;
            case 6:
                System.out.println("C");
                break;
            default:
                System.out.println("D");
                break;
        }
    }
}
```

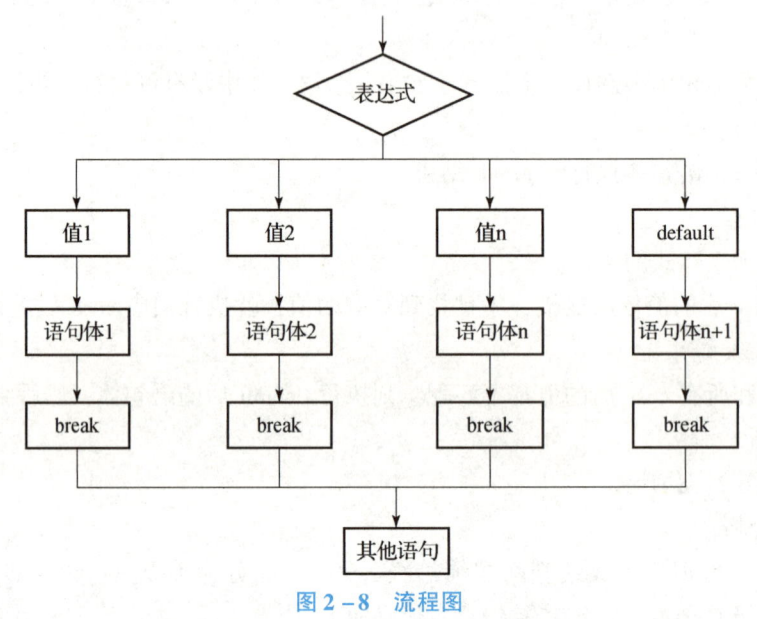

图 2-8 流程图

运行结果如下。

请输入成绩
80
B

[案例 2.6] 在班级举行的元旦晚会的抽奖环节,节目组根据每位同学的座位号进行抽奖游戏,根据不同的号码决定奖项的大小。使用 switch…case 语句编写 Java 程序完成奖项分配,代码如下。

```java
import java.util.Scanner;
public class Example2_20 {
    public static void main(String[] args) {
        System.out.println("请输入座位号码:");
        Scanner sc = new Scanner(System.in);
        int num = sc.nextInt();
        switch (num) {
        case 8:
            System.out.println("恭喜你,获得了三等奖!");
            break;
        case 88:
            System.out.println("恭喜你,获得了二等奖!");
            break;
        case 888:
            System.out.println("恭喜你,获得了一等奖!");
            break;
        default:
            System.out.println("谢谢参与!");
            break;
        }
    }
}
```

当用户输入的号码为 888 时,获取的 num 值为 888,则与第三个 case 后的值匹配,执行它后面的语句,输出"恭喜你,获得了一等奖!",然后执行 break 语句,跳出整个 switch…case 结构。如果输入的号码与 case 中的值都不匹配,则执行 default 后的语句。

运行结果如下。

```
请输入座位号码:
888
恭喜你,获得了一等奖!
请输入座位号码:
88
恭喜你,获得了二等奖!
请输入座位号码:
66
谢谢参与!
```

[案例 2.7] 编写一个 Java 程序,根据当前的星期数字输出对应的汉字。使用包含 break 的 switch…case 语句来判断当前的星期,代码如下。

```java
import java.util.Calendar;
public class Example2_21 {
    public static void main(String[] args) {
        String weekDate = "";
        Calendar calendar = Calendar.getInstance();
        int week = calendar.get(Calendar.DAY_OF_WEEK) - 1;
```

```java
switch (week) {
case 0:
    weekDate = "星期日";
    break;
case 1:
    weekDate = "星期一";
    break;
case 2:
    weekDate = "星期二";
    break;
case 3:
    weekDate = "星期三";
    break;
case 4:
    weekDate = "星期四";
    break;
case 5:
    weekDate = "星期五";
    break;
case 6:
    weekDate = "星期六";
    break;
}
System.out.println("今天是 " + weekDate);
    }
}
```

上述程序首先获取当前的星期值,然后使用 switch…case 语句判断 week 的值:0 表示星期日,1 表示星期一,2 表示星期二……依此类推。只要 week 值与 case 值符合,则程序执行该 case 后的语句,并跳出 switch…case 语句,输出结果。

运行结果如下。

今天是星期五

5. if 语句和 switch…case 语句的区别

if 语句和 switch…case 语句都是条件语句,可以从使用效率和实用性两方面加以区分。

1)从使用效率上区分

从使用效率上区分,在对同一个变量的不同值做条件判断时,既可以使用 switch…case 语句,也可以使用 if 语句。使用 switch…case 语句的效率更高一些,判断的分支越多越明显。

2)从实用性上区分

从实用性上区分,switch…case 语句不如 if 语句,if 语句是应用最广泛和最实用的条件语句。

3)何时使用 if 语句和 switch…case 语句

在程序开发的过程中,何时使用 if 语句或 switch 语句,需要根据实际情况而定,应尽量做到物尽其用。不能因为 switch…case 语句的效率高就一直使用，也不能因为 if 语句常用就不用 switch…case 语句。需要根据实际情况，具体问题具体分析，使用最合适的条件语句。一般情况下，对于判断条件较少的，可以使用 if 语句，但是在多条件的判断中，最好使用 switch…case 语句。

4）案例分析

[案例 2.8] 十二星座对应的日期范围如下。

白羊座：0321—0420；　　　天秤座：0924—1023；
金牛座：0421—0521；　　　天蝎座：1024—1122；
双子座：0522—0621；　　　射手座：1123—1221；
巨蟹座：0622—0722；　　　摩羯座：1222—0120；
狮子座：0723—0823；　　　水瓶座：0121—0219；
处女座：0824—0923；　　　双鱼座：0220—0320。

例如，某同学的出生日期为 0609（6 月 9 日），则对应星座的是双子座。

根据上述描述，在程序中需要用户输入一个 4 位数字（表示学生的出生月份和日期），再根据这个数字的范围进行判断，其中前两位是月份，后两位是日期。在这里使用 switch…case 语句判断出生的月份，然后根据日期确定该同学所属星座名称。

代码如下。

```java
import java.util.Scanner;
public class Example2_22 {
    public static void main(String[] args) {
        System.out.println("请输入您的出生年月(如 0123 表示 1 月 23 日):");
        Scanner sc = new Scanner(System.in);
        int monthday = sc.nextInt();
        int month = monthday /100;
        int day = monthday %100;
        String xingzuo = "";
        switch (month) {
        case 1:
            xingzuo = day < 21 ? "摩羯座" : "水瓶座";
            break;
        case 2:
            xingzuo = day < 20 ? "水瓶座" : "双鱼座";
            break;
        case 3:
            xingzuo = day < 21 ? "双鱼座" : "白羊座";
            break;
        case 4:
            xingzuo = day < 21 ? "白羊座" : "金牛座";
            break;
        case 5:
            xingzuo = day < 22 ? "金牛座" : "双子座";
            break;
```

```
            case 6:
                xingzuo = day < 22 ? "双子座" : "巨蟹座";
                break;
            case 7:
                xingzuo = day < 23 ? "巨蟹座" : "狮子座";
                break;
            case 8:
                xingzuo = day < 24 ? "狮子座" : "处女座";
                break;
            case 9:
                xingzuo = day < 24 ? "处女座" : "天秤座";
                break;
            case 10:
                xingzuo = day < 24 ? "天秤座" : "天蝎座";
                break;
            case 11:
                xingzuo = day < 23 ? "天蝎座" : "射手座";
                break;
            case 12:
                xingzuo = day < 22 ? "射手座" : "摩羯座";
                break;
        }
        System.out.println("您的星座是:" + xingzuo);
    }
}
```

上述代码中,首先声明变量monthday保存用户输入的信息,然后用变量month和day分别表示月份和日期。接下来使用switch…case语句根据对月份的判断执行case子句中的代码,在每个case子句中,使用三元运算符根据日期判断所属的星座。运行结果如下。

```
请输入您的出生年月(如0123表示1月23日):
0521
您的星座是:金牛座
请输入您的出生年月(如0123表示1月23日):
1109
您的星座是:天蝎座
```

[案例2.9] 利用switch…case语句改写学生专业判断。代码如下。

```
import java.util.Scanner;
public class Example2_23 {
    public static void main(String[] args) {
        //定义一个整型变量zhuanye表示学生专业代码,32表示计算机网络专业,
        //33表示人工智能专业,34表示大数据技术专业,35表示数字媒体专业,36表示物联网技术专业。
        int zhuanye;
        System.out.println("请输入专业代码:");
```

```
Scanner sc = new Scanner(System.in);
zhuanye = sc.nextInt();//从键盘上输入一个整数表示专业代码
switch (zhuanye) {
case 32:
    System.out.println("该学生是计算机网络专业的学生!");
    break;
case 33:
    System.out.println("该学生是人工智能专业的学生!");
    break;
case 34:
    System.out.println("该学生是大数据技术专业的学生!");
    break;
case 35:
    System.out.println("该学生是数字媒体专业的学生!");
    break;
case 36:
    System.out.println("该学生是物联网技术专业的学生!");
    break;
default:
    System.out.println("该学生不是信息工程学院的学生!");
}
sc.close();
    }
}
```

注意：在每一个 case 语句的后面必须加上一个 break 语句，用来结束判断分支。

三、循环结构

循环也是程序中的重要流程结构之一，适用于需要重复一段代码直到满足特定条件为止的情况。所有流行的编程语言中都有循环语句。Java 语言中的循环语句与 C 语言中的循环语句相似，主要有 while、do…while、for 和 foreach。

1. while 循环语句

while 循环语句可以在一定条件下重复执行一段代码。该语句需要判断一个测试条件，如果该条件为真，则执行循环语句（循环语句可以是一条或多条），否则跳出循环。

1）语法格式

while 循环语句的语法格式如下。

```
while(条件表达式)
{
    语句块;
}
```

其中语句块中的代码可以是一条或者多条语句，而条件表达式是一个有效的 boolean 表达式，它决定了是否执行循环体。

2）执行过程

当条件表达式的值为 true 时，就执行大括号中的语句块。执行完毕，再次检查条件表达式是否为 true，如果仍为 true，则再次执行大括号中的语句块，否则跳出循环，执行 while 循环语句之后的代码。

3）流程图

流程图如图 2-9 所示。

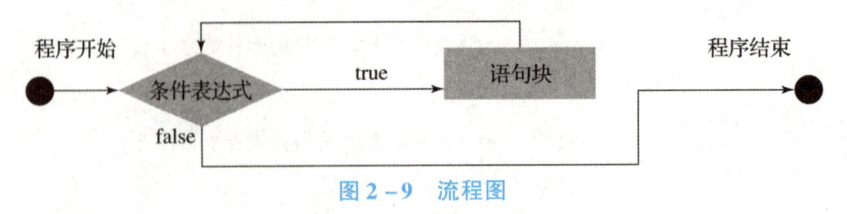

图 2-9　流程图

4）案例分析

[案例 2.10] 使用 while 循环语句计算 10 的阶乘，代码如下。

```java
public class Example2_24 {
    public static void main(String[] args) {
        int i = 1;
        int n = 1;
        while (i <= 10) {
            n = n * i;
            i++;
        }
        System.out.println("10 的阶乘结果为:" + n);
    }
}
```

在上述代码中，定义了两个变量 i 和 n，循环体每执行一次 i 的值就加 1，判断 i 的值是否小于等于 10，并利用 "n = n * i" 语句来实现阶乘。当 i 的值大于 10 之后，循环体便不再执行并退出循环。

运行结果如下。

10 的阶乘结果为:3628800

[案例 2.11] 使用 while 循环语句求出 1~100 之间的偶数，以每 10 个为一行输出。代码如下。

```java
public class Example2_25 {
    public static void main(String[] args) {
        int n = 1, i = 0;
        while (n <= 100) {
            if (n % 2 == 0) {
                if (i % 10 == 0) {
                    System.out.println();
                    System.out.print(n + "\t");
                } else
```

```
                System.out.print(n + "\t");
            i ++;
        }
        n ++;
    }
}
```

运行结果如下。

```
2   4   6   8   10  12  14  16  18  20
22  24  26  28  30  32  34  36  38  40
42  44  46  48  50  52  54  56  58  60
62  64  66  68  70  72  74  76  78  80
82  84  86  88  90  92  94  96  98  100
```

2. do…while 循环语句

do…while 循环语句也是 Java 语言中运用广泛的循环语句，它由循环条件和循环体组成。它与 while 循环语句略有不同。do…while 循环语句的特点是先执行循环体，然后判断循环条件是否成立。

1）语法格式

do…while 循环语句的语法格式如下。

```
do
{
    语句块；
}while(条件表达式);
```

2）执行过程

首先执行一次循环体，然后判断 while 后面的条件表达式是否为 true，如果循环条件满足，循环体继续执行，否则退出循环体。while 语句后必须以分号表示循环结束。

3）流程图

流程图如图 2-10 所示。

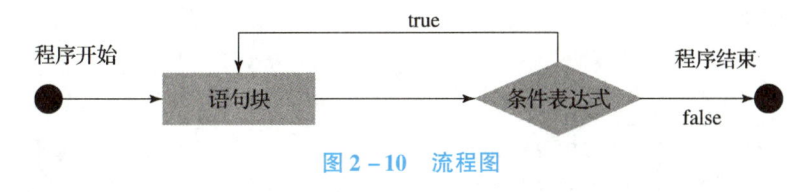

图 2-10 流程图

4）案例分析

[案例 2.12] 编写一个程序，计算 10 的阶乘。使用 do…while 循环语句实现，代码如下。

```java
public class Example2_26 {
    public static void main(String[] args) {
        int number = 1, result = 1;
        do {
            result * = number;
            number ++;
        } while (number < = 10);
        System.out.print("10 的阶乘结果是:" + result);
    }
}
```

运行结果如下。

10 的阶乘结果是:3628800

［案例 2.13］在一个学生管理系统的 ×× 班学生名单中保存了 50 条信息,现在需要让它每行显示 10 条信息,分 5 行进行显示。使用 do…while 循环语句实现这个效果,代码如下。

```java
public class Example2_27 {
    public static void main(String[] args) {
        int studentIndex = 1;
        do {
            System.out.print(studentIndex + " \t");
            if (studentIndex % 10 == 0)
                System.out.println();
            studentIndex ++;
        } while (studentIndex < 51);
    }
}
```

在上述代码中,声明一个变量 studentIndex 用来保存学生信息的索引,该变量被赋值为 1,表示从第一行开始。在循环体内,首先输出 studentIndex 的值,然后判断 studentIndex 是否能被 10 整除,如果可以则说明当前行已经输出 10 条信息,用 System. out. println( )语句输出一个换行符,之后使 studentIndex 加 1,相当于更新当前的索引,最后在 while 表达式中判断是否超出循环的范围,即 50 条以内。

运行结果如下。

```
1   2   3   4   5   6   7   8   9   10
11  12  13  14  15  16  17  18  19  20
21  22  23  24  25  26  27  28  29  30
31  32  33  34  35  36  37  38  39  40
41  42  43  44  45  46  47  48  49  50
```

【提示】

while 循环语句和 do…while 循环语句的相同之处是:它们都是循环结构,使用 while (循环条件) 表示循环条件,使用大括号将循环体括起来。其不同处如下。

(1) 语法不同：与 while 循环语句相比，do…while 循环语句将 while 关键字和循环条件放在后面，而且前面多了 do 关键字，后面多了一个分号。

(2) 执行次序不同：while 循环语句先判断，再执行；do…while 循环语句先执行，再判断。

在一开始循环条件就不满足的情况下，while 循环语句一次都不会执行，do…while 循环语句则不管什么情况下都至少执行一次。

3. for 循环语句

for 循环语句是一种在程序执行前要先判断条件表达式是否为真的循环语句。假如条件表达式为假，那么它的循环语句块根本不会执行。for 循环语句通常使用在知道循环次数的循环问题中。

1）语法格式

for 循环语句的语法格式如下。

```
for(条件表达式1;条件表达式2;条件表达式3)
{
    语句块；
}
```

for 循环语句中的 3 个条件表达式的含义见表 2-7。

表 2-7 for 循环中 3 个表达式的含义

表达式	形式	功能	举例
条件表达式 1	赋值语句	循环结构的初始部分，为循环变量赋初值	int i = 1
条件表达式 2	条件语句	循环结构的循环条件	i > 40
条件表达式 3	迭代语句，通常使用 ++ 或 -- 运算符	循环结构的迭代部分，通常用来修改循环变量的值	i ++

for 关键字后面括号中的 3 个条件表达式必须用 ";" 隔开。for 循环语句中的这 3 部分以及大括号中的循环体使 for 循环语句必需的 4 个组成部分完美地结合在一起，简单明了。

2）执行过程

首先执行条件表达式 1 进行初始化，然后判断条件表达式 2 的值是否为 true，如果为 true，则执行循环体语句块；否则直接退出循环体，最后执行表达式 3，改变循环变量的值，至此完成一次循环。接下来进行下一次循环，直到条件表达式 2 的值为 false 才结束循环。

3）流程图

流程图如图 2-11 所示。

4）案例分析

使用 for 循环语句计算 5 的阶乘。代码如下。

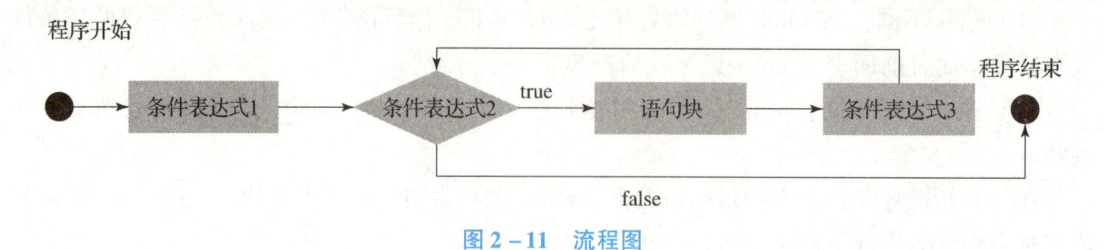

程序开始

图 2-11 流程图

```
public class Example2_28 {
    public static void main(String[] args) {
        int result = 1;
        for (int number = 1; number <= 5; number ++) {
            result * = number;
        }
        System.out.print("5 的阶乘结果是:" + result); //输出"5 的阶乘结果是:120"
    }
}
```

上述代码的含义可以理解为，将变量 number 的值从 1 开始，每次递增 1，直到大于 5 时终止循环。在循环过程中，将 number 的值与当前 result 的值相乘。

for 循环语句中的 3 个条件表达式并不是必须存在的，它们可以部分为空，也可以全为空。下面对这些情况分别进行介绍。

（1）条件表达式 1 为空。

for 循环语句中条件表达式 1 可以在程序的其他位置给出，所以当条件表达式 1 为空时，for 循环语句后面括号内的其他条件表达式的执行顺序不变。

例如，使用 for 循环语句的这种形式计算 1~100 中所有奇数的和，代码如下。

```
public class Example2_29 {
    public static void main(String[] args) {
        int result = 0;
        int number = 1; //相当于 for 循环语句的第 1 个表达式
        for (; number < 101; number ++) {
            if (number % 2 != 0) //如果不能整除 2,说明是奇数,则进行累加
                result += number;
        }
        System.out.print("100 以内所有奇数和为:" + result);
    }
}
```

运行结果如下。

100 以内所有奇数和为:2500

（2）条件表达式 2 为空。

当 for 循环语句中条件表达式 2 为空时，将没有循环的终止条件，此时 for 循环语句会认为条件表达式 2 的值总是 true，循环无限制地进行下去。因此，为了使循环在达到某种条件

时停止，需要在语句块中进行逻辑判断，并使用 break 语句跳出循环，否则将产生死循环。

例如，计算 1~100 中所有奇数的和，代码如下。

```java
public class Example2_30 {
    public static void main(String[] args) {
        int result = 0;
        for (int number = 1;; number ++) {
            if (number > 100)
                break; //相当于 for 循环语句的表达式 2,满足时就退出 for 循环
            if (number % 2 != 0) //如果不能整除 2,说明是奇数,则进行累加
                result += number;
        }
        System.out.print("100 以内所有奇数和为:" + result);
    }
}
```

(3) 条件表达式 3 为空。

当 for 循环语言中条件表达式 3 为空时，也就没有设置控制变量的表达式，即每次循环之后无法改变变量的值，此时也无法保证循环正常结束。

例如，计算 1~100 中所有奇数的和，代码如下。

```java
public class Example2_31 {
    public static void main(String[] args) {
        int result = 0;
        for (int number = 1; number < 101;) {
            if (number % 2 != 0) //如果不能整除 2,说明是奇数,则进行累加
                result += number;
            number ++; //相当于 for 循环语句的条件表达式 3,每次递增 1
        }
        System.out.print("100 以内所有奇数和为:" + result);
    }
}
```

如果没有循环体语句，变量 number 的值为 1，永远小于 101，因此无法结束循环，形成无限循环。在上述代码中将 number 的递增语句放在 for 循环体内，效果与完整的 for 循环语句相同。

(4) 3 个条件表达式都为空。

在 for 循环语句中，无论缺少哪个条件表达式，都可以在程序的其他位置补充，从而保持 for 循环语句的完整性，使循环正常进行。

当 for 循环语句中的循环体全为空时，即没有循环初值，不判断循环条件，循环变量不增值，此时无条件执行循环体，形成无限循环或者死循环。对于这种情况，在使用时应该尽量避免。

例如，计算 1~100 中所有奇数的和，代码如下。

```java
public class Example2_32 {
    public static void main(String[] args) {
        int result = 0;
        int number = 1; //相当于for循环语句的条件表达式1
        for (;;) {
            if (number > 100)
                break; //相当于for语句的条件表达式2
            if (number % 2 != 0) //如果不能整除2,说明是奇数,则进行累加
                result += number;
            number++; //相当于for循环语句的条件表达式3
        }
        System.out.print("100 以内所有奇数和为: " + result);
    }
}
```

4. 循环嵌套

循环语句和if语句相似，同样可以实现嵌套。

[案例2.14] 使用循环嵌套（for循环语句）实现九九乘法口诀表，代码如下。

```java
public class Example2_33 {
    public static void main(String[] args) {
        System.out.println("乘法口诀表:");
        for (int i = 1; i <= 9; i++) {
            for (int j = 1; j <= i; j++) {
                System.out.print(j + "*" + i + "=" + j * i + "\t");
            }
            System.out.println();
        }
    }
}
```

在上述代码中，首先声明两个变量i和j，接着使用了两个for循环语句，其中外层for循环语句用来控制输出行数，而内层for循环语句用来控制输出列数并由其所在的行数控制。

运行结果如下。

```
乘法口诀表:
1*1=1
1*2=2  2*2=4
1*3=3  2*3=6  3*3=9
1*4=4  2*4=8  3*4=12  4*4=16
1*5=5  2*5=10 3*5=15  4*5=20  5*5=25
1*6=6  2*6=12 3*6=18  4*6=24  5*6=30  6*6=36
1*7=7  2*7=14 3*7=21  4*7=28  5*7=35  6*7=42  7*7=49
1*8=8  2*8=16 3*8=24  4*8=32  5*8=40  6*8=48  7*8=56  8*8=64
1*9=9  2*9=18 3*9=27  4*9=36  5*9=45  6*9=54  7*9=63  8*9=72  9*9=81
```

四、跳转语句

1. break 语句

在 Java 语言中，break 语句有 3 种作用，分别是：在 switch…case 语句中终止一个语句序列、强行退出循环和实现 goto 功能。

1）在 switch…case 语句中终止一个语句序列

在 switch…case 语句中终止一个语句序列，就是在每个 case 子句的最后添加语句"break;"。

2）使用 break 语句强行退出循环

可以使用 break 语句强行退出循环，忽略循环体中的任何其他语句和循环的条件判断。在循环中遇到 break 语句时，循环即被终止，循环体后面的语句重新开始执行。

[案例2.15] 在校运会上，小东参加了 10 000 米长跑比赛，在 400 米的跑道上，他循环地跑着，每跑一圈，剩余路程就会减少 400 米，要跑的圈数就是循环的次数。但是，在每跑完一圈时，教练会问他是否要坚持下去，如果回答"yes"，则继续跑，否则表示放弃。

使用 break 语句强行退出循环的代码如下。

```java
import java.util.Scanner;
public class Example2_34 {
    public static void main(String[] args) {
        Scanner sc = new Scanner(System.in); //定义变量存储小东的回答
        String answer = ""; //一圈400米,10000米为25圈,即循环的次数
        for (int i = 0; i < 25; i++) {
            System.out.println("小东跑的是第" + (i + 1) + "圈");
            System.out.println("还能继续跑吗?"); //获取小东的回答
            answer = sc.next();
            //判断小东的回答是否为yes? 如果不是,则放弃,跳出循环
            if (!answer.equals("yes")) {
                System.out.println("放弃");
                break;
            }
            //循环之后的代码
            System.out.println("加油! 继续!");
        }
        sc.close();
    }
}
```

运行结果如下。

```
小东跑的是第1圈
还能继续跑吗?
yes
加油! 继续!
小东跑的是第2圈
```

```
还能继续跑吗?
yes
加油!继续!
小东跑的是第 3 圈
还能继续跑吗?
no
放弃
```

尽管 for 循环被设计为从 0 执行到 25,但是当小东的回答不是"yes"时,break 语句终止了程序的循环,继续执行循环体外的代码,输出"加油!继续!"。

break 语句能用于任何 Java 循环中,包括人们有意设置的无限循环。在一系列嵌套循环中使用 break 语句时,它将仅终止最里面的循环。示例代码如下。

```java
public class Example2_35 {
    public static void main(String[] args) {
        //外循环,循环 5 次
        for (int i = 0; i < 5; i++) {
            System.out.print("第" + (i + 1) + "次循环:");
            //内循环,设计为循环 10 次
            for (int j = 0; j < 10; j++) {
                // 判断 j 是否等于 3,如果是,则终止循环
                if (j == 3) {
                    break;
                }
                System.out.print("内循环的第" + (j + 1) + "次循环\t");
            }
            System.out.println();
        }
    }
}
```

运行结果如下。

```
第 1 次循环:内循环的第 1 次循环 内循环的第 2 次循环 内循环的第 3 次循环
第 2 次循环:内循环的第 1 次循环 内循环的第 2 次循环 内循环的第 3 次循环
第 3 次循环:内循环的第 1 次循环 内循环的第 2 次循环 内循环的第 3 次循环
第 4 次循环:内循环的第 1 次循环 内循环的第 2 次循环 内循环的第 3 次循环
第 5 次循环:内循环的第 1 次循环 内循环的第 2 次循环 内循环的第 3 次循环
```

从程序运行结果来看,在内部循环中的 break 语句仅终止了它所在的内部循环,外部循环没有受到任何影响。

注意:一个循环中可以有一个以上 break 语句,但是过多的 break 语句会破坏代码结构。switch…case 循环语句中的 break 仅影响 switch…case 语句,不会影响循环。

[案例 2.16] 编写一个 Java 程序,最多允许用户输入 5 门课程的成绩,如果输入的成绩小于 0 或大于 100 则跳出循环;如果录入 5 门合法成绩,则计算已有成绩之和。

代码如下。

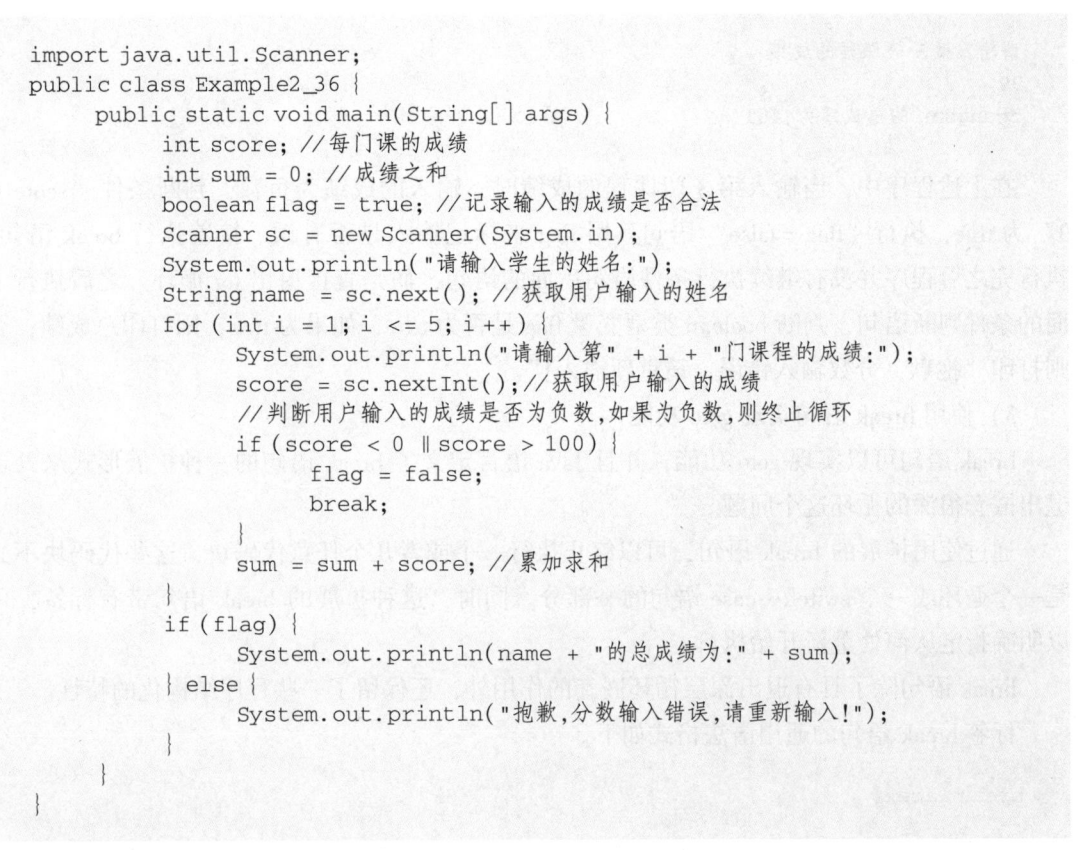

```java
import java.util.Scanner;
public class Example2_36 {
    public static void main(String[] args) {
        int score; //每门课的成绩
        int sum = 0; //成绩之和
        boolean flag = true; //记录输入的成绩是否合法
        Scanner sc = new Scanner(System.in);
        System.out.println("请输入学生的姓名:");
        String name = sc.next(); //获取用户输入的姓名
        for (int i = 1; i <= 5; i++) {
            System.out.println("请输入第" + i + "门课程的成绩:");
            score = sc.nextInt();//获取用户输入的成绩
            //判断用户输入的成绩是否为负数,如果为负数,则终止循环
            if (score < 0 || score > 100) {
                flag = false;
                break;
            }
            sum = sum + score; //累加求和
        }
        if (flag) {
            System.out.println(name + "的总成绩为:" + sum);
        } else {
            System.out.println("抱歉,分数输入错误,请重新输入!");
        }
    }
}
```

运行程序,当用户输入的分数低于0或高于100时,则输出"抱歉,分数输入错误,请重新输入!",否则打印学生的总成绩。运行结果如下。

```
请输入学生的姓名:
zhangsan
请输入第1门课程的成绩:
95
请输入第2门课程的成绩:
88
请输入第3门课程的成绩:
-30
抱歉,分数输入错误,请重新输入!
请输入学生的姓名:
zhangsan
请输入第1门课程的成绩:
95
请输入第2门课程的成绩:
88
请输入第3门课程的成绩:
73
请输入第4门课程的成绩:
46
```

```
请输入第 5 门课程的成绩：
99
zhangsan 的总成绩为:401
```

在上述程序中，当输入第 3 门课程的成绩时，输入的成绩为负数，判断条件 "score < 0" 为 true，执行 "flag = false" 语句，用 flag 来标记输入是否有误。接着执行 break 语句，执行完之后程序并没有继续执行条件语句后面的语句，而是直接退出 for 循环。之后执行下面的条件判断语句，判断 boolean 类型变量 flag 是否为 true，如果为 true，则打印总成绩；否则打印 "抱歉，分数输入错误，请重新输入！"。

3）使用 break 语句实现 goto 功能

break 语句可以实现 goto 功能，并且 Java 语言定义了 break 语句的一种扩展形式来处理退出嵌套很深的循环这个问题。

通过使用扩展的 break 语句，可以终止执行一个或者几个任意代码块，这些代码块不必是一个循环或一个 switch…case 语句的一部分。同时，这种扩展的 break 语句带有标签，可以明确指定从何处重新开始执行。

break 语句除了具有退出深层循环嵌套的作用外，还保留了一些程序结构化的特性。

标签 break 语句的通用语法格式如下。

```
break label;
```

label 是标识代码块的标签。当执行这种形式的 break 语句时，控制权被传递出指定的代码块。被加标签的代码块必须包围 break 语句，但是它不需要直接包围 break 语句的代码块。也就是说，可以使用一个加标签的 break 语句来退出一系列嵌套块，但是不能使用 break 语句将控制权传递到不包含 break 语句的代码块。

用标签（label）可以指定一个代码块，标签可以是任何合法有效的 Java 标识符，后面跟一个冒号。加上标签的代码块可以作为 break 语句的对象，使程序在加标签的代码块的结尾继续执行。

使用带标签的 break 语句的示例代码如下。

```
public class Example2_37 {
    public static void main(String[] args) {
        label: for (int i = 0; i < 10; i ++) {
            for (int j = 0; j < 8; j ++) {
                System.out.println(j);
                if (j % 2 != 0) {
                    break label;
                }
            }
        }
    }
}
```

运行结果如下。

```
0
1
```

这里的 label 是标签的名称，可以为 Java 语言中任意合法的标识符。标签语句必须和循环语句匹配使用，使用时书写在对应的循环语句的上面，标签语句以冒号结束。如果需要中断标签语句对应的循环，可以采用 break 后面跟标签名的方式。

2．continue 语句

1）作用

continue 语句可以跳过循环体中剩余的语句而强制执行下一次循环，其作用为结束本次循环，即跳过循环体中下面尚未执行的语句，接着进行下一次是否执行循环的判定。

continue 语句类似于 break 语句，但它只能出现在循环体中。它与 break 语句的区别在于：continue 语句并不是中断循环语句，其作用是中止当前迭代的循环，进入下一次迭代。简单来讲，continue 语句用于忽略循环语句的当次循环。

注意：continue 语句只能用在 while…case 语句、for 语句或者 foreach 语句的循环体之中，在这之外的任何地方使用它都会引起语法错误。

2）案例分析

[案例 2.17] 循环录入 Java 课程的成绩，统计分数大于 80（包括等于）的学生人数。这时，需要定义变量 count 记录 Java 课程的成绩大于 80 分（包括等于）的学生人数，每循环一次，需要判断输入的学生成绩是否大于等于 80 分，如果是，则执行"count + 1"语句，否则执行 continue 语句，跳过本次循环，继续下次循环。代码如下。

```java
import java.util.Scanner;
public class Example2_38{
    public static void main(String[] args){
        int score = 0; //记录 Java 课程的成绩
        int count = 0; //记录成绩大于等于80分的学生人数
        Scanner input = new Scanner(System.in);
        for(int i = 0; i < 10; i ++){
            System.out.println("请输入第" + (i + 1) + "位学生的Java成绩:");
            score = input.nextInt(); //获取用户输入的学生成绩
            if(score < 80) //判断用户输入的学生成绩是否小于80分
            {
                continue; //如果学生成绩小于80分,跳过本次循环,继续下次循环
            }
            count ++; //如果用户输入的分数大于等于80分,则人数加1
        }
        System.out.println("Java课程成绩在80分以上的学生人数为:" + count);
    }
}
```

在上述程序中，变量 count 表示 80 分以上的学生人数。for 循环从 0 开始循环，循环 10 次，可以理解为班里只有 10 个学生，需要输入 10 个学生的成绩。

每循环一次都需要输入一次学生成绩，同时需要判断用户输入的学生成绩是否小于 80 分，如果小于 80 分，则跳出本次循环，即"count ++"语句不执行，成绩大于 80 分的学生人数不累加，然后执行下一次循环。只有当"score < 80"条件表达式不成立时，才执行"count ++"语句。

运行结果如下。

```
请输入第 1 位学生的 Java 成绩：
80
请输入第 2 位学生的 Java 成绩：
20
请输入第 3 位学生的 Java 成绩：
40
请输入第 4 位学生的 Java 成绩：
90
请输入第 5 位学生的 Java 成绩：
78
请输入第 6 位学生的 Java 成绩：
74
请输入第 7 位学生的 Java 成绩：
48
请输入第 8 位学生的 Java 成绩：
78
请输入第 9 位学生的 Java 成绩：
58
请输入第 10 位学生的 Java 成绩：
45
Java 课程成绩在 80 分以上的学生人数为：2
```

在上述代码中，当 j 为 1 时，"j%2!=0"条件表达式成立，则 label 标签所代表的最外层循环终止。

五、数组

数组用来存储一系列数据项，其中的每一项具有相同的基本数据类型、类或父类。通过使用数组，可以在很大程度上缩短和简化程序代码，从而提高应用程序的效率。

数组是一种最简单的复合数据类型，它是有序数据的集合。数组中的每个元素具有相同的数据类型，可以用一个统一的数组名和不同的下标来唯一确定数组中的元素。根据数组的维度，可以将其分为一维数组、二维数组和多维数组。

1. 一维数组

一维数组是由数字组成的以单纯的排序结构排列的结构单一的数组，一维数组中的每个元素都只有一个下标。

1) 一维数组的定义

声明一维数组的语法格式为：

```
数据类型 数组名[];    //声明数组
```

或者

```
数据类型[ ] 数组名;      //声明数组
```

以上两种格式都可以声明一个数组,其中的数据类型既可以是基本数据类型,也可以是引用数据类型。数组名可以是任意合法的变量名。声明数组就是告诉计算机该数组中数据的类型是什么。例如:

```
int[ ] javascore;          //存储学生的 java 课程成绩,类型为整型
double[ ] price;           //存储商品的价格,类型为浮点型
String[ ] studentname;     //存储学生姓名,类型为字符串型
```

2) 一维数组空间的创建

声明了数组,只是得到了一个存放数组的变量,并没有为数组元素分配内存空间,不能使用。因此,要为数组分配内存空间,这样数组中的每一个元素才有一个空间进行存储。分配空间就是告诉计算机在内存中为数组分配几个连续的位置来存储数据。在 Java 语言中可以使用 new 关键字为数组分配空间。分配空间的语法格式如下:

```
数组名 = new 数据类型[数组长度];
```

数组长度就是数组中能存放的元素个数,应该为大于等于 0 的整数。
例如:

```
javascore = new int[5];
stid = new int[20];
stname = new String[10];
```

也可以在声明数组时就为它分配空间,语法格式如下。

```
数据类型[ ] 数组名 = new 数据类型[数组长度];
```

例如:

```
int[ ] array = new int[15];
char sex[ ] = new char[15];
```

3) 一维数组的初始化

数组必须先初始化,然后才可以使用。所谓初始化,就是为数组中的元素分配内存空间,并为每个数组元素赋初始值。在初始化数组的同时,可以指定数组的大小,也可以分别初始化数组中的每个元素。在 Java 语言中,初始化数组有以下 3 种方式。

(1) 使用 new 关键字指定数组的大小后进行初始化。
使用 new 关键字创建数组,在创建时指定数组的大小。语法格式如下。

```
type[ ] arrayName = new int[size];
```

创建数组之后,数据元素的值并不确定,需要为每个数组元素赋值,其下标从 0 开始。
(2) 使用 new 关键字指定数组元素的值。
使用上述方式初始化数组时,只有在为数组元素赋值时才确定值。可以不使用上述方

式，而是在初始化数组时就确定值。语法格式如下。

```
type[] arrayName = new type[]{值1,值2,…,值n};
```

（3）直接指定数组元素的值。

在上述两种方式中，type 可以省略，如果已经声明数组变量，那么直接使用这两种方式进行初始化。如果不想使用上述两种方式，那么可以不使用 new 关键字，直接指定数组元素的值。语法格式如下。

```
type[] arrayName = {值1,值2,…,值n};
```

4）数组元素的访问

数组元素的访问是指获取数组中的一个元素，如第一个元素或最后一个元素。获取单个元素的方法非常简单，指定元素所在数组的下标即可。语法格式如下。

```
arrayName[index];
```

其中，arrayName 表示数组变量，index 表示下标，下标为 0 表示获取第一个元素，下标为 array.length-1 表示获取最后一个元素。当指定的下标值超出数组的总长度时，会抛出 ArrayIndexOutOfBoundsException 异常。

5）实训练习

（1）创建一个一维数组 javascore[]，用于存放××班 10 名学生的 Java 课程成绩，对该数组做如下操作：输出第 3 位同学的成绩。

（2）在（1）的基础上求出 10 名同学的总成绩。

2. 二维数组

为了方便组织各种信息，计算机常将信息以表的形式进行组织，然后以行和列的形式呈现出来。二维数组的结构决定了它能非常方便地表示计算机中的表，以第一个下标表示元素所在的行，以第二个下标表示元素所在的列。二维数组为特殊的一维数组，其中每个元素又是一个一维数组。Java 语言并不直接支持二维数组，但是允许定义数组元素是一维数组的一维数组，以达到同样的效果。

1）二维数组的定义

声明二维数组的语法格式如下。

```
type array[][];
type[][] array;
```

其中，type 表示二维数组的类型，array 表示二维数组名称，第一对中括号表示行，第二对中括号表示列。

下面分别声明 int 类型和 char 类型的二维数组，代码如下。

```
int[][] age;
char[][] sex;
```

2)二维数组的初始化

二维数组可以初始化,和一维数组一样,可以通过 3 种方式来指定元素的初始值。这 3 种方式的语法格式如下。

```
type[][] arrayName = new type[][]{值 1,值 2,…,值 n};    //在定义时初始化
type[][] arrayName = new type[size1][size2];         //先给定空间,再赋值
type[][] arrayName = new type[size][];               //数组第二维长度为空,可变化
```

3)二维数组元素的访问

(1)获取单个元素。

当需要获取二维数组中元素的值时,也可以使用下标来表示。语法格式如下。

```
arrayName[i-1][j-1];
```

其中,arrayName 表示数组名称,i 表示数组的行数,j 表示数组的列数。例如,要获取第二行第二列元素的值,应该使用 temp[1][1]来表示。这是由于数组的下标起始值为 0,因此行和列的下标需要减 1。

(2)获取整行元素。

除了获取单个元素和全部元素之外,还可以单独获取二维数组的某一行中所有元素的值,或者二维数组中某一列中所有元素的值。获取指定行的元素时,需要将行数固定,然后遍历该行中的全部列即可。

(3)获取整列元素。

获取指定列的元素与获取指定行的元素方法相似,保持列不变,遍历每一行的该列即可。

(4)获取全部元素。

在一维数组中直接使用数组的 length 属性获取数组元素的个数。而在二维数组中,直接使用 length 属性获取的是数组的行数,在指定的索引后加上 length(如 array[0].length)表示的是该行拥有多少个元素,即列数。

如果要获取二维数组中的全部元素,最简单、最常用的办法就是使用 for 循环语句。在一维数组全部输出时,使用 1 层 for 循环,而二维数组要想全部输出,则使用嵌套 for 循环语句(2 层 for 循环)。

4)案例分析

[案例 2.18] 通过下标获取 class_score 数组中第二行第二列元素的值与第四行第一列元素的值。代码如下。

```
public static void main(String[] args)
{
    double[][] class_score = {{10.0,99,99},{100,98,97},{100,100,99.5},{99.5,99,98.5}};
    System.out.println("第二行第二列元素的值:"+class_score[1][1]);
    System.out.println("第四行第一列元素的值:"+class_score[3][0]);
}
```

运行上述程序，输出结果如下。

```
第二行第二列元素的值:98.0
第四行第一列元素的值:99.5
```

[案例 2.19] 使用 for 循环语句遍历 double 类型的 class_score 数组的元素，并输出每一行每一列元素的值。代码如下。

```java
public class Example2_39 {
    public static void main(String[] args) {
        double[][] class_score = { { 100, 99, 99 },
                { 100, 98, 97 }, { 100, 100, 99.5 },
                { 99.5, 99, 98.5 } };
        for (int i = 0; i < class_score.length; i ++) { //遍历行
            for (int j = 0; j < class_score[i].length; j ++) {
                System.out.println("class_score[" + i +
                    "][" + j + "] = " + class_score[i][j]);
            }
        }
    }
}
```

上述程序使用嵌套 for 循环语句输出二维数组。在输出二维数组时，第一个 for 循环语句表示以行进行循环，第二个 for 循环语句表示以列进行循环，这样就实现了获取二维数组中每个元素的值的功能。

运行上述程序，输出结果如下。

```
class_score[0][0] = 100.0
class_score[0][1] = 99.0
class_score[0][2] = 99.0
class_score[1][0] = 100.0
class_score[1][1] = 98.0
class_score[1][2] = 97.0
class_score[2][0] = 100.0
class_score[2][1] = 100.0
class_score[2][2] = 99.5
class_score[3][0] = 99.5
class_score[3][1] = 99.0
class_score[3][2] = 98.5
```

[案例 2.20] 假设有一个 5 行 5 列的矩阵，该矩阵由程序随机产生的 10 以内的数字排列而成。下面使用二维数组创建该矩阵，代码如下。

```java
public class Example2_40 {
    public static void main(String[] args) {
        //创建一个二维矩阵
        int[][] matrix = new int[5][5];
```

```java
//随机分配值
for (int i = 0; i < matrix.length; i ++) {
    for (int j = 0; j < matrix[i].length; j ++) {
        matrix[i][j] = (int) (Math.random() * 10);
    }
}
System.out.println("下面是程序生成的矩阵\n");
//遍历二维矩阵并输出
for (int k = 0; k < matrix.length; k ++) {
    for (int g = 0; g < matrix[k].length; g ++) {
        System.out.print(matrix[k][g] + "");
    }
    System.out.println();
}
}
}
```

在上述程序中，首先定义了一个二维数组，然后使用嵌套 for 循环语句为二维数组中的每个元素赋值。其中，Math.random()方法返回的是一个 double 类型的数值，为 0.6、0.9 等，因此乘以 10 之后为 10 以内的整数。最后使用了嵌套 for 循环语句遍历二维数组，输出二维数组中元素的值，从而产生矩阵。运行结果如下。

```
34565
96033
48741
10583
63985
```

[案例 2.21] 编写一个程序，接收用户在控制台输入的行数，然后获取该行中所有元素的值。代码如下。

```java
import java.util.Scanner;
public class Example2_41 {
    public static void main(String[] args) {
        double[][] class_score = { { 100, 99, 99 },
                { 100, 98, 97 }, { 100, 100, 99.5 }, { 99.5, 99, 98.5 } };
        Scanner scan = new Scanner(System.in);
        System.out.println("当前数组只有" + class_score.length +
                "行,您想查看第几行的元素?请输入:");
        int number = scan.nextInt();
        for (int j = 0; j < class_score[number - 1].length; j ++) {
            System.out.println("第" + number + "行的第[" + j +
                    "]个元素的值是:" + class_score[number - 1][j]);
        }
    }
}
```

运行上述程序进行测试，输出结果如下。

```
当前数组只有4行,您想查看第几行的元素?请输入:
3
第3行的第[0]个元素的值是:100.0
第3行的第[1]个元素的值是:100.0
第3行的第[2]个元素的值是:99.5
```

[案例 2.22] 编写一个程序,接收用户在控制台输入的列数,然后获取该列中所有元素的值。代码如下。

```java
import java.util.Scanner;
public class Example2_42 {
    public static void main(String[] args) {
        double[][] class_score = { { 100, 99, 99 },
                { 100, 98, 97 }, { 100, 100, 99.5 }, { 99.5, 99, 98.5 } };
        Scanner scan = new Scanner(System.in);
        System.out.println("您要获取哪一列的值?请输入:");
        int number = scan.nextInt();
        for (int i = 0; i < class_score.length; i ++) {
            System.out.println("第 " + (i + 1) + " 行的第[" + number +
                    "]个元素的值是" + class_score[i][number]);
        }
    }
}
```

运行上述程序进行测试,输出结果如下。

```
您要获取哪一列的值?请输入:
2
第 1 行的第[2]个元素的值是99.0
第 2 行的第[2]个元素的值是97.0
第 3 行的第[2]个元素的值是99.5
第 4 行的第[2]个元素的值是98.5
```

六、字符串处理

字符串是Java语言中特殊的类,使用方法与一般的基本数据类型相同,被广泛应用在Java编程中。Java语言没有内置的字符串类型,而是在标准Java类库中提供了一个String类来创建和操作字符串。

1. 字符串的定义

在Java语言中,定义一个字符串最简单的方法是用双引号把它括起来。这种用双引号括起来的一串字符实际上都是String对象,如字符串"Hello"在编译后即成为String对象。因此,也可以通过创建String类的实例来定义字符串。

不论使用哪种方式创建字符串,字符串对象一旦被创建,其值是不能改变的,但可以使用其他变量重新赋值的方式进行更改。

1）直接定义

直接定义字符串是指使用双引号表示字符串中的内容，例如"Hello Java""Java 编程"等。具体方法是用字符串常量直接初始化一个 String 对象。字符串变量必须经过初始化才能使用。例如：

```
String str = "我是一位老师!"; //结果:我是一位老师!
String str1;
str1 = "I am a teacher"; //结果:I am a teacher
str1 = " <h1 >to fly </h1 > "; //结果: <h1 >to fly </h1 >
str1 = "南京\\贵阳\\成都";
System.out.println(str1); //结果:南京\贵阳\成都
```

2）使用 String 类定义

前面提到在 Java 语言中每个双引号定义的字符串都是一个 String 类的对象。因此，可以通过使用 String 类的构造方法来创建字符串，该类位于 java.lang 包中。

（1）String( )。

初始化一个新创建的 String 对象，表示一个空字符序列。

（2）String(String original)。

初始化一个新创建的 String 对象，使其表示一个与参数相同的字符序列。换句话说，新创建的字符串是该参数字符串的副本。例如：

```
String str1 = new String("Hello Java");
String str2 = new String(str1);
```

（3）String(char[ ]value)。

分配一个新的字符串，将参数中的字符数组元素全部变为字符串。该字符数组的内容已被复制，后续对字符数组的修改不会影响新创建的字符串。例如：

```
char a[] = {'H','e','l','l','o'};
String sChar = new String(a);
a[1] = 's';
```

（4）String(char[ ] value,int offset,int count)。

分配一个新的 String 对象，它包含来自该字符数组参数一个子数组的字符。offset 参数是子数组第一个字符的索引，count 参数指定子数组的长度。该子数组的内容已被赋值，后续对字符数组的修改不会影响新创建的字符串。例如：

```
char a[] = {'H','e','l','l','o'};
String sChar = new String(a,1,4);
a[1] = 's';
```

2. Java String 字符串和 int 类型的相互转换

String 字符串在编程中被广泛使用，所以掌握 String 字符串和 int 类型的相互转换方法是极其重要的。

1）String 字符串转换为 int 类型

String 字符串转换为 int 类型有以下两种方式。

（1）Integer.parseInt(str)。

（2）Integer.valueOf(str).intValue()。

注意：Integer 是一个类，是 int 基本数据类型的封装类。在 String 字符串转换为 int 类型时，String 字符串的值一定是整数，否则会报数字转换异常（java.lang.NumberFormatException）。

例如：

```
public static void main(String[] args) {
    String str = "123";
    int n = 0;
    //第一种转换方法:Integer.parseInt(str)
    n = Integer.parseInt(str);
    System.out.println("Integer.parseInt(str) : " + n);
    //第二种转换方法:Integer.valueOf(str).intValue()
    n = 0;
    n = Integer.valueOf(str).intValue();
    System.out.println("Integer.parseInt(str) : " + n);
}
```

2）int 类型转换为 String 字符串

int 类型转换为 String 字符串有以下 3 种方法。

（1）String s = String.valueOf(i)。

（2）String s = Integer.toString(i)。

（3）String s = "" + i。

例如：

```
public static void main(String[] args) {
    int num = 10;
    //第一种方法:String.valueOf(i);
    num = 10;
    String str = String.valueOf(num);
    System.out.println("str:" + str);
    //第二种方法:Integer.toString(i);
    num = 10;
    String str2 = Integer.toString(num);
    System.out.println("str2:" + str2);
    //第三种方法:"" + i;
    String str3 = num + "";
    System.out.println("str3:" + str3);
}
```

运行结果如下。

```
str:10
str2:10
str3:10
```

第三种方法相比第一种和第二种方法耗时较多。在使用第一种方法时，注意 valueOf( )括号中的值不能为空，否则会报空指针异常（NullPointerException）。

3. valueOf( )、parse( )和 toString( )

1）valueOf( )方法

valueOf( )方法将数据的内部格式转换为可读的形式。它是一种静态方法，对于所有 Java 内置的类型，在字符串内被重载，以便每一种类型都能被转换成字符串。valueOf( )方法还被类型 Object 重载，所以创建的任何形式类的对象也可被用作一个参数。以下是它的几种形式。

```
static String valueOf(double num)
static String valueOf(long num)
static String valueOf(Object ob)
static String valueOf(char chars[])
```

与前面的讨论一样，调用 valueOf( )方法可以得到其他类型数据的字符串形式（例如在进行连接操作时）。对于各种数据类型，可以直接调用这种方法得到合理的字符串形式。可以将所有简单类型数据转换成相应于它们的普通字符串形式。任何传递给 valueOf( )方法的对象都将返回对象的 toString( )方法调用的结果。事实上，也可以通过直接调用 toString( )方法得到相同的结果。

对于大多数数组，valueOf( )方法返回一个相当晦涩的字符串，这说明它是一个某种类型的数组，然而对于字符数组，它创建一个包含字符数组中的字符串对象。valueOf( )方法有一种特定形式，允许指定字符数组的一个子集。

它具有如下一般形式。

```
static String valueOf(char chars[ ], int startIndex, int numChars)
```

这里 chars 是存放字符的数组，startIndex 是字符数组中期望得到的子字符串的首字符下标，numChars 指定子字符串的长度。

2）parse( )

parseXxx(String)这种形式，是指把字符串转换为数值型，其中 Xxx 对应不同的数据类型，然后转换为 Xxx 指定的类型，如 int 类型和 float 类型。

3）toString( )

toString( )方法可以把一个引用类型转换为 String 字符串，是 sun 公司在开发 Java 语言的时候为了方便所有类的字符串操作而特意加入的一个方法。

4. 字符串的基本操作

1）Java 字符串拼接（连接）

（1）使用连接运算符"+"。

与大多数程序设计语言一样，Java 语言允许使用"+"运算符连接（拼接）两个字符串。"+"运算符是最简单、最快捷，也是使用最多的字符串连接方式。在使用"+"运算符连接字符串和 int 类型（或 double 类型）数据时，"+"运算符将 int（或 double）类型数据自动转换成 String 字符串。

（2）使用 concat() 方法。

在 Java 语言中，String 类的 concat() 方法可以将一个字符串连接到另一个字符串的后面。concat() 方法的语法格式如下。

```
字符串1.concat(字符串2);
```

运行结果是字符串 2 被连接到字符串 1 后面，形成新的字符串。

2）连接其他类型数据

前面介绍的例子都是字符串与字符串进行连接，其实字符串也可与其他基本数据类型进行连接。如果将字符串与这些数据类型进行连接，则会将这些数据类型直接转换成字符串。

3）获取字符串长度（length()）

在 Java 语言中，要获取字符串长度，可以使用 String 类的 length() 方法。其语法格式如下。

```
字符串名.length();
```

4）字符串中字符的大小写转换

String 类的 toLowerCase() 方法可以将字符串中的所有字符全部转换成小写，而非字母的字符不受影响。其语法格式如下。

```
字符串名.toLowerCase()    //将字符串中的字母全部转换为小写,非字母不受影响
```

toUpperCase() 方法可将字符串中的所有字符全部转换成大写，而非字母的字符不受影响。其语法格式如下。

```
字符串名.toUpperCase()    //将字符串中的字母全部转换为大写,非字母不受影响
```

5）去除字符串中的空格

字符串中存在的首尾空格一般情况下都没有任何意义，但是这些空格会影响字符串的操作，如连接字符串或比较字符串等，因此应该去掉字符串中的首尾空格，这需要使用 String 类提供的 trim() 方法。

trim() 方法的语法格式如下。

```
字符串名.trim()
```

6）截取（提取）子字符串

String 类提供了两个截取字符串的方法，一个是从指定位置截取到字符串结尾，另一个是截取指定范围的内容。下面对这两种方法分别进行介绍。

（1）substring(int beginIndex) 形式。

此方法用于提取从索引位置开始至结尾处的字符串部分。调用时，括号中是需要提取字符串的开始位置，方法的返回值是提取的字符串。

（2）substring(int beginIndex,int endIndex) 形式。

此方法中的 beginIndex 表示截取的起始索引，截取的字符串中包括起始索引对应的字符；endIndex 表示结束索引，截取的字符串中不包括结束索引对应的字符，如果不指定 endIndex，则表示截取到目标字符串末尾。此方法用于提取位置 beginIndex 和位置 endIndex 之间的字符串部分。

这里需要特别注意的是，对于开始位置 beginIndex，Java 语言是基于字符串的首字符索引为 0 处理的，但是对于结束位置 endIndex，Java 语言是基于字符串的首字符索引为 1 来处理的。

7）分割字符串

String 类的 split() 方法可以按指定的分割符对目标字符串进行分割，分割后的内容存放在字符串数组中。该方法主要有如下两种重载形式。

（1）str. split(String sign)。

（2）str. split(String sign,int limit)。

它们的含义如下。

str 为需要分割的目标字符串。

sign 为指定的分割符，可以是任意字符串。

limit 表示分割后生成的字符串的限制个数，如果不指定，则表示不限制，直到将整个目标字符串完全分割为止。

使用分隔符的注意事项如下。

（1）"."和"|"都是转义字符，必须加"\\"。

如果用"."作为分隔符，必须写成 String. split("\\."），这样才能正确地分隔，不能用 String. split("."）。

如果用"|"作为分隔符，必须写成 String. split("\\|"），这样才能正确地分隔，不能用 String. split("|"）。

（2）如果在一个字符串中有多个分隔符，可以用"|"作为连字符，比如"acount = ? and uu = ? or n = ?"，把 3 个部分都分隔出来，可以用 String. split("and|or"）。

8）字符串的替换

（1）replace() 方法。

replace() 方法用于将目标字符串中的指定字符（串）替换成新的字符（串），其语法格式如下。

```
字符串.replace(String oldChar, String newChar)
```

其中，oldChar 表示被替换的字符串；newChar 表示用于替换的字符串。replace()方法会将字符串中的所有 oldChar 替换成 newChar。

(2) replaceFirst()方法。

replaceFirst()方法用于将目标字符串中匹配某正则表达式的第一个子字符串替换成新的字符串，其语法格式如下。

```
字符串.replaceFirst(String regex, String replacement)
```

其中，regex 表示正则表达式；replacement 表示用于替换的字符串。

(3) replaceAll()方法。

replaceAll()方法用于将目标字符串中匹配某正则表达式的所有子字符串替换成新的字符串，其语法格式如下。

```
字符串.replaceAll(String regex, String replacement)
```

其中，regex 表示正则表达式，replacement 表示用于替换的字符串。

9) 字符串比较

(1) equals()方法。

equals()方法将逐个比较两个字符串的每个字符是否相同。如果两个字符串具有相同的字符和长度，它返回 true，否则返回 false。字符的大小写也在检查的范围之内。equals()方法的语法格式如下。

```
str1.equals(str2);
```

str1 和 str2 可以是字符串变量，也可以是字符串字面量。

(2) equalsIgnoreCase()方法。

equalsIgnoreCase()方法的作用和语法格式与 equals()方法完全相同，唯一不同的是 equalsIgnoreCase()方法在进行比较时不区分大小写。当比较两个字符串时，它会认为 A～Z 和 a～z 是一样的。

(3) equals()方法与"=="运算符的比较。

理解 equals()方法和"=="运算符执行的是两个不同的操作是重要的。如同刚才解释的那样，equals()方法比较字符串对象中的字符，而"=="运算符比较两个对象的引用，看它们是否引用相同的实例。

10) 字符串查找

在给定的字符串中查找字符或字符串是比较常见的操作。字符串查找分为两种形式：一种是在字符串中获取匹配字符（串）的索引值，另一种是在字符串中获取指定索引位置的字符。

(1) 根据字符查找。

String 类的 indexOf()方法和 lastIndexOf()方法用于在字符串中获取匹配字符（串）的索

引值。

①indexOf( )方法。

indexOf( )方法用于返回字符（串）在指定字符串中首次出现的索引位置，如果能找到，则返回索引值，否则返回 –1。该方法主要有以下两种重载形式。

- str. indexOf(value)。
- str. indexOf(value, int fromIndex)。

其中，str 表示指定字符串；value 表示待查找的字符（串）；fromIndex 表示查找时的起始索引，如果不指定 fromIndex，则默认从指定字符串中的开始位置（即 fromIndex 默认为 0）开始查找。

②lastIndexOf( )方法。

lastIndexOf( )方法用于返回字符（串）在指定字符串中最后一次出现的索引位置，如果能找到则返回索引值，否则返回 –1。该方法以两种重载形式。

- str. lastIndexOf(value)。
- str. lastIndexOf(value, int fromIndex)。

注意：lastIndexOf( )方法的查找策略是从右往左查找，如果不指定起始索引，则默认从字符串的末尾开始查找。

（2）根据索引查找。

String 类的 charAt( )方法可以在字符串内根据指定的索引查找字符，该方法的语法格式如下。

字符串名.charAt(索引值)

提示：字符串本质上是字符数组，因此它也有索引，索引从 0 开始。

5. StringBuffer 类

在 Java 语言中，除了通过 String 类创建和处理字符串之外，还可以使用 StringBuffer 类处理字符串。StringBuffer 类可以比 String 类更高效地处理字符串，因为 StringBuffer 类是可变字符串类，创建 StringBuffer 类的对象后可以随意修改字符串的内容。每个 StringBuffer 类的对象都能够存储指定容量的字符串，如果字符串的长度超过 StringBuffer 类对象的容量，则该对象的容量会自动扩大。

1）创建 StringBuffer 类

StringBuffer 类提供了 3 个构造方法来创建一个字符串。

（1）StringBuffer( )：构造一个空的字符串缓冲区，并且初始化为 16 个字符的容量。

（2）StringBuffer(int length)：创建一个空的字符串缓冲区，并且初始化为指定长度 length 的容量。

（3）StringBuffer(String str)：创建一个字符串缓冲区，并将其内容初始化为指定的字符串内容 str，字符串缓冲区的初始容量为 16 加上字符串 str 的长度。

2）追加字符串

StringBuffer 类的 append( )方法用于向原有 StringBuffer 对象中追加字符串。该方法的语法格式如下。

```
StringBuffer 对象.append(String str)
```

该方法的作用是追加内容到当前 StringBuffer 对象的末尾，类似于字符串的连接。调用该方法以后，StringBuffer 对象的内容也发生了改变。

3）替换字符

StringBuffer 类的 setCharAt( )方法用于在字符串的指定索引位置替换一个字符。该方法的语法格式如下。

```
StringBuffer 对象.setCharAt(int index, char ch);
```

该方法的作用是修改对象中索引值为 index 位置的字符为新的字符 ch。

4）反转字符串

StringBuffer 类中的 reverse( )方法用于将字符串序列用其反转的形式取代。该方法的语法格式如下。

```
StringBuffer 对象.reverse();
```

5）删除字符串

StringBuffer 类提供了 deleteCharAt( )和 delete( )两个删除字符串的方法。

（1）deleteCharAt( )方法。

deleteCharAt( )方法用于移除序列中指定位置的字符，该方法的语法格式如下。

```
StringBuffer 对象.deleteCharAt(int index);
```

deleteCharAt( )方法的作用是删除指定位置的字符，然后将剩余的内容形成一个新的字符串。

（2）delete( )方法。

delete( )方法用于移除序列中子字符串的字符，该方法的语法格式如下。

```
StringBuffer 对象.delete(int start,int end);
```

其中，start 表示要删除字符的起始索引值（包括索引值所对应的字符），end 表示要删除字符串的结束索引值（不包括索引值所对应的字符）。该方法的作用是删除指定区域以内的所有字符。

【任务实训】

在学生信息管理系统中对管理员密码有这样的规定：密码长度必须大于 6 位且小于 12 位。这是因为密码太短则容易被破解，而密码太长则不容易记住。这就需要首先获取用户输入的密码字符串，然后调用 length( )方法获取字符串长度，再做进一步的长度判断。代码如下。

```java
public static void main(String[] args) {
    String sys = "学生信息管理";//字义一个字符串表示系统名称
    System.out.println("欢迎进入"" + sys + ""系统");//输出系统名称
    System.out.println("请设置一个管理员密码:");
    Scanner input = new Scanner(System.in);
    String pass = input.next();//获取用户输入的密码
    int length = pass.length();//获取密码的长度
    if (length > 6 && length < 12) {
        System.out.println("密码长度符合规定。");
        System.out.println("已生效,请牢记密码:" + pass);
    } else if (length >= 12) {
        System.out.println("密码过长。");
    } else {
        System.out.println("密码过短。");
    }
}
```

上述程序将用户输入的密码保存到字符串变量 pass 中,再调用 pass.length() 方法将长度保存到 length 变量中,然后使用 if 语句根据长度给出提示。

运行程序,当输入的密码过短时,运行结果如下。

```
欢迎进入"学生信息管理"系统
请设置一个管理员密码:
123456
密码过短。
```

当输入的密码符合规定时,运行结果如下。

```
欢迎进入"学生信息管理"系统
请设置一个管理员密码:
abc12345678
密码长度符合规定。
已生效,请牢记密码:abc12345678
```

下面的实例代码演示了如何对字符串应用大写和小写转换。

```java
public static void main(String[] args) {
    String en = "The Day You Went Away"; //定义原始字符串
    System.out.println("原始字符串:"+en);
    System.out.println("使用 toLowerCase() 方法之后为:"+en.toLowerCase());
    System.out.println("使用 toUpperCase() 方法之后为:"+en.toUpperCase());

    en = "sun sun 是太阳,圆圆挂在 SKY 上"; //定义原始字符串
    System.out.println("原始字符串:"+en);
    System.out.println("使用 toLowerCase() 方法之后为:"+en.toLowerCase());
    System.out.println("使用 toUpperCase() 方法之后为:"+en.toUpperCase());

    en = "select id,name,sex,address,birthday from students";
```

```
            System.out.println("原始字符串:" + en);  //定义原始字符串
            System.out.println("使用 toLowerCase() 方法之后为:" + en.toLowerCase());
            System.out.println("使用 toUpperCase() 方法之后为:" + en.toUpperCase());
        }
```

运行结果如下。

```
原始字符串:The Day You Went Away
使用 toLowerCase() 方法之后为:the day you went away
使用 toUpperCase() 方法之后为:THE DAY YOU WENT AWAY
原始字符串:sun sun 是太阳,圆圆挂在 SKY 上
使用 toLowerCase() 方法之后为:sun sun 是太阳,圆圆挂在 sky 上
使用 toUpperCase() 方法之后为:SUN SUN 是太阳,圆圆挂在 SKY 上
原始字符串:select id,name,sex,address,birthday from students
使用 toLowerCase() 方法之后为:select id,name,sex,address,birthday from students
使用 toUpperCase() 方法之后为:SELECT ID,NAME,SEX,ADDRESS,BIRTHDAY FROM STUDENTS
```

创建一个字符串,对它使用 substring()方法进行截取并输出结果。代码如下。

```
public static void main(String[] args) {
    String day = "Today is Monday";  //原始字符串
    System.out.println("substring(0)结果:" + day.substring(0));
    System.out.println("substring(2)结果:" + day.substring(2));
    System.out.println("substring(10)结果:" + day.substring(10));
    System.out.println("substring(2,10)结果:" + day.substring(2,10));
    System.out.println("substring(0,5)结果:" + day.substring(0,5));
}
```

运行结果如下。

```
substring(0)结果:Today is Monday
substring(2)结果:day is Monday
substring(10)结果:onday
substring(2,10)结果:day is M
substring(0,5)结果:Today
```

任务五 拓展训练

(1) 编写一个电报加密的程序(密文=输入的整数×6+10%3)。

(2) 利用 if…else…if 阶梯编写一个判断学生考场的程序(要求从键盘上输入学生的准考证号的后两位;1~30 为第一考场,31~60 为第二考场,61~90 为第三考场;后两位大于 90 时输出"非本轮考试考生!")。

(3) 利用 switch…case 语句编写一个学生课程选修程序(从键盘上输入课程编号;1 代表 C 语言程序设计,2 代表计算机网络基础,3 代表 Java 语言程序设计,4 代表 CAD 制图基础;输入其他数据时,输出"课程编号有误!请重新输入:")。

（4）利用 while 循环语句实现银行取钱的程序（从键盘上输入密码，判断密码是否等于 202105，相等则输出"你可以取钱"，否则输出"密码错误"。最多可以输 3 次密码，若 3 次密码都不正确，则输出"对不起，密码已被锁定，请与管理员联系！"）。

（5）创建一个字符串，对它使用 replace( ) 方法进行字符串替换并输出结果。代码如下。

```
public class Test {
    public static void main(String[] args) {
        String words = "hello java,hello php";
        System.out.println("原始字符串是'" + words + "'");
        System.out.println("replace(\"l\",\"D\")结果:" + words.replace("l","D"));
        System.out.println("replace(\"hello\",\"你好\")结果:" +
            words.replace("hello", "你好"));
        words = "hr's dog";
        System.out.println("原始字符串是'" + words + "'");
        System.out.println("replace(\"r's\",\"is\")结果:" + words.replace("r's","is"));
    }
}
```

（6）编写一个程序，通过学生的身份证号码的倒数第二位的奇偶性判断学生的性别（奇数代表男生，偶数代表女生）。

（7）编写一个统计学生成绩的程序，求某班第一小组（10 人）成绩的最高分、最低分、平均分。

项目三

学生类与对象的创建及使用

【知识目标】
(1) 掌握类的声明和类的成员。
(2) 熟悉类的构造方法及其使用。
(3) 掌握对象的创建、销毁和使用。

【能力目标】
(1) 能够创建类及类的成员。
(2) 能够正确创建类的构造方法。
(3) 能够创建、销毁和使用对象。

任务一 类的创建

【知识准备】

一、类的定义

类是具备某些共同特征的实体的集合,它是一种抽象的数据类型,是对具有相同特征实体的抽象。在面向对象的程序设计语言中,类是对一类"事物"的属性与行为的抽象。

二、创建类

创建类的语法格式如下。

```
[修饰符] class 类名
{
    (零个到多个)成员变量(属性)...
        (零个到多个)构造器(构造方法)...
        (零个到多个)方法...
}
```

修饰符可以是 public,或者 final 和 abstract,也可以省略不写,但不建议使用 private 和 protected。

【任务实训】

（1）创建一个 1 个人（Person）类。

定义一个方法 sayHello( )（可以向对方发出问候语"hello, my name is ＊＊＊"）。

该类有 3 个属性：名字、年龄、身高。

代码如下。

```
class Person{
    String name;
    String age;
    String height;
    public void sayHello(String name){
        System.out.print("hello, my name is " +this.name + ".");
    }
}
```

（2）创建一个学生（Student）类，其包括学生姓名、年龄和性别信息。要求使用属性表示学生信息。

代码如下。

```
public class Student {
    public String name;      //学生姓名
    public int age;          //学生年龄
    private boolean sex;     //学生性别
    public boolean isSex() {
        return sex;
    }
    public void setSex(boolean sex) {
        this.sex = sex;
    }
}
```

任务二　对象的创建及使用

【知识准备】

对象是对类的实例化。对象具有状态和行为，变量用来表明对象的状态，方法表明对象所具有的行为。对象的生命周期包括创建、使用和清除，本任务详细介绍对象的创建方法。在 Java 语言中创建对象分显式创建与隐含创建两种情况。

一、对象的创建

1. 显式创建对象

对象的显式创建方式有 4 种。

(1) 使用 new 关键字。

这是常用的创建对象的方法,语法格式如下。

类名 对象名 = new 类名();

(2) 调用 java.lang.Class 或者 java.lang.reflect.Constuctor 类的 newInstance() 实例方法。

在 Java 语言中,可以使用 java.lang.Class 或者 java.lang.reflect.Constuctor 类的 newInstance() 实例方法来创建对象,语法格式如下。

java.lang.Class Class 类对象名称 = java.lang.Class.forName(要实例化的类全称);
类名 对象名 = (类名)Class 类对象名称.newInstance();

调用 java.lang.Class 类中的 forName() 方法时,需要将要实例化的类的全称(如 com.mxl.package.Student)作为参数传递过去,然后调用 java.lang.Class 类对象的 newInstance() 方法创建对象。

(3) 调用对象的 clone() 方法。

该方法不常用,使用该方法创建对象时,要实例化的类必须继承 java.lang.Cloneable 接口。调用对象的 clone() 方法创建对象的语法格式如下。

类名对象名 = (类名)已创建好的类对象名.clone();

(4) 调用 java.io.ObjectInputStream 对象的 readObject() 方法。

(5) 实训案例。

下面演示前三种对象创建方法。示例代码如下。

```java
package com.task2;

public class Student implements Cloneable {
    //实现 Cloneable 接口
    private String name;    //学生名字
    private int age;    //学生年龄
    public Student(String name, int age) {    //构造方法
        this.name = name;
        this.age = age;
    }
    public Student() {
        this.name = "name";
        this.age = 0;
    }
    public String toString() {
        return "学生名字:" + name + ",年龄:" + age;
    }
    public static void main(String[] args) throws Exception {
        System.out.println("---------使用 new 关键字创建对象---------");
        //使用 new 关键字创建对象
        Student student1 = new Student("小刘", 22);
        System.out.println(student1);
```

```
        /*
        System.out.println("----------调用java.lang.Class 的 newInstance()
方法创建对象----------");
        //调用java.lang.Class 的 newInstance() 方法创建对象
        Class cl = Class.forName("Student");
        Student student2 = (Student) cl.newInstance();
        System.out.println(student2);
        */
        System.out.println("-------------------调用对象的clone()方法创建
对象----------");
        //调用对象的clone()方法创建对象
        Student student3 = (Student) student1.clone();
        System.out.println(student3);
    }
}
```

对上述示例代码的说明如下。

①使用 new 关键字或 Class 对象的 newInstance() 方法创建对象时，都会调用类的构造方法。

②使用 Class 类的 newInstance() 方法创建对象时，会调用类的默认构造方法，即无参构造方法。

③使用 Object 类的 clone() 方法创建对象时，不会调用类的构造方法，它会创建一个复制的对象，这个对象和原来的对象具有不同的内存地址，但它们的属性值相同。

④如果类没有实现 Cloneable 接口，则 clone() 方法会抛出 java.lang.CloneNotSupportedException 异常，所以应该让类实现 Cloneable 接口。

运行结果如下。

```
----------使用new关键字创建对象----------
学生名字:小刘,年龄:22
----------调用java.lang.Class 的 newInstance() 方法创建对象----------
学生名字:name,年龄:0
-------------------调用对象的Clone()方法创建对象----------
学生名字:name,年龄:0
```

2. 隐含创建对象

（1）除了显式创建对象以外，在 Java 程序中还可以隐含创建对象，例如下面几种情况。

String strName = "strValue"，其中的"strValue"就是一个 String 对象，由 Java 虚拟机隐含创建。

字符串的"+"运算符的运算结果为一个新的 String 对象，示例如下。

```
String str1 = "Hello";
String str2 = "Java";
String str3 = str1 + str2;     //str3 引用一个新的 String 对象
```

（2）当 Java 虚拟机加载一个类时，会隐含创建描述这个类的 Class 实例。提示：类的加载是指把类的".class"文件中的二进制数据读入内存，把它存放在运行时数据区的方法区内，然后在堆区创建一个 java.lang.Class 对象，用来封装类在方法区内的数据结构。无论采用哪种方式创建对象，Java 虚拟机在创建一个对象时都包含以下步骤。

① 为对象分配内存。
② 将对象的实例变量自动初始化为其变量类型的默认值。
③ 初始化对象，为实例变量赋予正确的初始值。

注意：每个对象都是相互独立的，在内存中占有独立的内存地址，并且每个对象都具有自己的生命周期，当一个对象的生命周期结束时，对象就变成了垃圾，由 Java 虚拟机自带的垃圾回收（Garbage Collection，GC）机制处理。

二、访问对象的属性和行为

每个对象都有自己的属性和行为，这些属性和行为在类中体现为成员变量和成员方法，其中成员变量对应对象的属性，成员方法对应对象的行为。要引用对象的属性和行为，需要使用点（.）操作符来访问。对象名在点操作符的左边，而成员变量或成员方法的名称在点操作符的右边。语法格式如下。

```
对象名.属性(成员变量)      //访问对象的属性
对象名.成员方法名()        //访问对象的方法
```

例如，定义一个 Student 类，创建该类的对象 stu，再对该对象的属性赋值，代码如下。

```
Student stu = new Student();    //创建 Student 类的对象 stu
stu.Name = "李子文";            //调用 stu 对象的 Name 属性并赋值
stu.Sex = true;                 //调用 stu 对象的 Sex 属性并赋值
stu.Age = 15;                   //调用 stu 对象的 Age 属性并赋值
```

三、对象的销毁

使用完对象之后需要对其进行清除。对象的清除是指释放对象所占用的内存。在创建对象时，用户必须使用 new 关键字为对象分配内存。不过，在清除对象时，由系统自动进行内存回收，不需要用户额外处理。这种机制在某种程度上方便了程序员对内存的管理。

Java 语言的内存自动回收称为垃圾回收机制。垃圾回收机制是指 Java 虚拟机释放那些不再使用的对象所占用的内存。

Java 语言并不要求 Java 虚拟机有垃圾回收机制，也没有规定垃圾回收机制如何工作。不过常用的 Java 虚拟机都有垃圾回收机制，而且大多数垃圾回收机制都使用类似的算法管理内存和执行回收操作。具体的垃圾回收实现策略有多种，在此不再赘述。

注意：在传统的编程语言（例如 C 语言）中，回收内存的任务是由程序负责的，也就是说必须在程序中显式地进行内存回收，这无疑会增加程序员的负担，而且存在很多弊端。

一个对象被当作垃圾回收的情况主要如下两种。

(1) 对象的引用超过其作用范围。

```
{
    Object o = new Object();    //对象 o 的作用范围,超过这个范围的对象将被视为垃圾
}
```

(2) 对象被赋值为 null。

```
{
    Object o = new Object();
    o = null;         //对象被赋值为 null 将被视为垃圾
}
```

Java 语言的 Object 类还提供了一个 protected 类型的 finalize( )方法,因此任何 Java 类都可以覆盖这个方法,在这个方法中进行释放对象所占有的相关资源的操作。

在 Java 虚拟机的堆区,每个对象都可能处于以下三种状态之一。

(1) 可触及状态：当一个对象被创建后,只要程序中还有引用变量引用它,那么它就始终处于可触及状态。

(2) 可复活状态：当程序中不再有任何引用变量引用该对象时,该对象就进入可复活状态。在这个状态下,垃圾回收器会准备释放它所占用的内存,在释放之前,会调用它及其他处于可复活状态的对象的 finalize( )方法,这些 finalize( )方法有可能使该对象重新转到可触及状态。

(3) 不可触及状态：当 Java 虚拟机执行完所有可复活对象的 finalize( )方法后,如果这些方法都没有使该对象转到可触及状态,垃圾回收器才会真正回收它所占用的内存。

注意：调用 System. gc( )或者 Runtime. gc( )方法也不能保证回收操作一定执行,它只是提高了垃圾回收器尽快回收垃圾的可能性。

【任务实训】

每一个应用系统都离不开用户模块。用户模块除了提供登录功能之外,还允许用户查看和修改自己的信息。本实例将创建一个用户类,然后创建一个测试类调用用户类,实现修改密码的功能。

本实例的用户类非常简单,仅包含用户名和密码两个属性。

```java
package com.task2;
public class User {
    //用户类
    private String username; //用户名
    private String password; //密码
    public String getUsername() {
        return username;
    }
    public void setUsername(String username) {
```

```java
            this.username = username;
    }
    public String getPassword() {
        return password;
    }
    public void setPassword(String password) {
        this.password = password;
    }
    public User(String username, String password) {
        this.username = username;
        this.password = password;
    }
    public String toString() {
        //输出用户信息
        return "用户名:" + username + "\n密码:" + password;
    }
}
```

创建 User 类实现修改密码的功能，即当用户输入的密码与原来密码相同时方可进行修改密码操作，否则提示用户输入的密码不正确。代码如下。

```java
package com.task2;
import java.util.Scanner;
public class UserTest {
    public static void main(String[] args) {
        User admin = new User("admin", "123456"); //创建用户对象
        Scanner input = new Scanner(System.in);
        System.out.println("请输入原密码:");
        String pwd = input.next(); //获取用户输入的原密码
        if (pwd.equals(admin.getPassword())) { //对用户输入的密码进行验证
            System.out.println("请输入新密码:");
            admin.setPassword(input.next()); //获取用户输入的新密码
        } else {
            System.out.println("输入的密码错误,无法进行修改!");
        }
        System.out.println("-----------------用户信息-----------------\n"
                + admin);
    }
}
```

上述代码在 main() 方法中创建了 User 类的对象 admin，并访问了该对象的成员变量 password 和成员方法 toString()。

运行该程序，当用户输入的原密码正确时，则可以继续向控制台输入新的密码，并将输入的新密码赋值给 User 类的 password 属性，从而输出更新后的用户信息。运行结果如下。

```
请输入原密码:
123456
请输入新密码:
111111
----------------用户信息----------------
用户名:admin
密码:111111
```

当用户输入的原密码错误时,则提示无法进行更新操作的信息。运行结果如下。

```
请输入原密码:
123456789
输入的密码错误,无法进行修改!
----------------用户信息----------------
用户名:admin
密码:123456
```

任务三 构造方法的创建

【知识准备】

构造方法的定义

构造方法是类的一种特殊方法,用来初始化类的一个新的对象。Java 语言中的每个类都有一个默认的构造方法,它必须具有和类名相同的名称,而且没有返回类型。构造方法的默认返回类型就是对象类型本身,并且构造方法不能被 static、final、synchronized、abstract 和 native 修饰。

提示:构造方法用于初始化一个新对象,所以用 static 修饰没有意义;构造方法不能被子类继承,所以用 final 和 abstract 修饰没有意义;多个线程不会同时创建内存地址相同的同一个对象,所以用 synchronized 修饰没有必要。

构造方法的语法格式如下。

```
class class_name
{
    public class_name(){}      //默认无参构造方法
    public ciass_name([paramList]){}   //定义构造方法
    ...
    //类主体
}
```

在一个类中,与类名相同的方法就是构造方法。每个类可以具有多个构造方法,但要求它们各自包含不同的方法参数。

【任务实训】

[案例 3.1] 构造方法主要有无参构造方法和有参构造方法两种，示例代码如下。

```java
public class Example
{
    private int m;     //定义私有变量
    Example()
    {
        //定义无参构造方法
        m = 10;
    }
    Example(int m)
    {
        //定义有参构造方法
        this.m = m;
    }
}
```

该示例代码定义了两个构造方法，分别是无参构造方法和有参构造方法。在一个类中定义多个具有不同参数的同名方法，这就是方法的重载。这两个构造方法的名称都与类名相同，均为 Example。在实例化该类时可以调用不同的构造方法进行初始化。

注意：类的构造方法不是要求必须定义。如果在类中没有定义任何一个构造方法，则 Java 语言会自动为该类生成一个默认的构造方法。默认的构造方法不包含任何参数，并且方法体为空。如果类中显式地定义了一个或多个构造方法，则 Java 语言不再提供默认的构造方法。

[案例 3.2] 在一个类中创建多个构造方法。

（1）在学生类 Student 中定义两个构造方法。代码如下。

```java
package com.task3;
public class Student {
    public String name;   //姓名
    private int age;      //年龄
    //定义带有一个参数的构造方法
    public Student(String name) {
        this.name = name;
    }
    //定义带有两个参数的构造方法
    public Student(String name, int age) {
        this.name = name;
        this.age = age;
    }
```

```java
    public String printinf(){
        return "大家好！我是新来的学生,我叫" + name + ",今年" + age + "岁。";
    }
}
```

上述程序在 Student 类中定义了两个属性，其中 name 属性不可改变；然后分别定义了带有一个参数和带有两个参数的构造方法，并对其属性进行初始化；最后定义了该类的 printinf( )方法，返回一条新来学生的介绍语句。

提示：Object 类具有一个 toString( )方法，该方法是个特殊的方法，创建的每个类都会继承该方法，它返回一个 String 类型的字符串。如果一个类中定义了该方法，则在调用该类的对象时，将会自动调用该类对象的 toString( )方法返回一个字符串，然后使用"System. out. println(对象名)"就可以将返回的字符串内容打印出来。

（2）在 TestStudent 类中创建 main( )方法作为程序的入口，在 main( )方法中调用不同的构造方法实例化 Student 对象，并对该对象中的属性进行初始化。代码如下。

```java
package com.task3;
public class TestStudent {
    public static void main(String[] args) {
        System.out.println("-----------带有一个参数的构造方法------------");
        //调用带有一个参数的构造方法,Staff 类中的 sex 和 age 属性值不变
        Student st1 = new Student("张三");
        System.out.println(st1);
        System.out.println("-----------带有两个参数的构造方法------------");
        //调用带有两个参数的构造方法,Staff 类中的 sex 属性值不变
        Student st2 = new Student("李丽",25);
        System.out.println(st2);
    }
}
```

在上述程序中，创建了两个不同的 Student 对象：一个是姓名为张三的学生对象，一个是姓名为李丽、年龄为 25 岁的学生对象。对于第一个 Student 对象 st1，并未指定 age 属性值，因此程序会将其值采用默认值 0。对于第二个 Student 对象 st2，分别对其指定了 name 属性值和 age 属性值，因此程序会将传递的参数值重新赋给 Student 类中的属性值。

运行 TestStudent 类，输出的结果如下。

```
-----------带有一个参数的构造方法------------
大家好！我是新来的学生,我叫张三,今年 0 岁。
-----------带有两个参数的构造方法------------
大家好！我是新来的学生,我叫李丽,今年 25 岁。
```

通过调用带参数的构造方法，在创建对象时，一并完成了对象成员的初始化工作，简化了对象初始化的代码。

任务四 方法的定义与实现

【知识准备】

所谓方法，就是用来解决一类问题的代码的有序组合，它是一个功能模块。

一般情况下，定义一个方法的语法格式如下。

```
访问修饰符 返回值类型 方法名(参数列表){
    方法体
}
```

说明如下。

（1）访问修饰符：方法允许被访问的权限范围，可以是 public、protected、private，甚至可以省略，其中 public 表示该方法可以被其他任何代码调用，其他几种修饰符的使用在后面会详细讲解。

（2）返回值类型：方法返回值的类型，如果方法不返回任何值，则返回值类型指定为 void；如果方法具有返回值，则需要指定返回值的类型，并且在方法体中使用 return 语句返回值。

（3）方法名：定义的方法的名字，必须使用合法的标识符。

（4）参数列表：传递给方法的参数列表，参数可以有多个，多个参数间以逗号隔开，每个参数由参数类型和参数名组成，以空格隔开。

根据方法是否带参数、是否带返回值，可将方法分为四类。

（1）无参无返回值方法。

（2）无参带返回值方法。

（3）带参无返回值方法。

（4）带参带返回值方法。

一、无参无返回值方法的使用

如果方法不包含参数，且没有返回值，则称为无参无返回值方法。

无参无返回值方法的使用分为以下两步。

（1）第一步，定义方法。

例如：下面的代码定义了一个方法名为 show，没有参数且没有返回值的方法，执行的操作为输出"welcome to imooc"。

```
public void show(){ //返回类型    方法名
    System.out.println("welcome to imooc");    //方法体
}
```

注意：

①方法体放在一对大括号中，实现特定的操作。

②方法名主要在调用这个方法时使用，需要注意命名的规范，一般采用第一个单词首字母小写，其他单词首字母大写的形式。

（2）第二步，调用方法。

当需要调用方法执行某个操作时，可以先创建类的对象，然后通过"对象名.方法名()"来实现。

例如：在下面的代码中，创建了一个名为 hello 的对象，然后通过调用该对象的 show( ) 方法输出信息。

```
package com.task4;
public class HelloWorld {
    public static void main(String[] args) {
        HelloWorld hello = new HelloWorld();  //创建一个 HelloWord 类型的对象,名为 hello
        hello.show();//利用 hello 对象调用 show 方法。
    }
    public void show() {
        System.out.println("欢迎来到铜仁职院");
    }
}
```

运行结果如下。

```
欢迎来到铜仁职院
```

二、无参带返回值方法的使用

如果方法不包含参数，但有返回值，则称为无参带返回值方法。

例如：在下面的代码中，定义了一个方法名为 calSum，无参数，但返回值为 int 类型的方法，执行的操作为计算两数之和，并返回结果。

```
public int calsum(){      //返回类型为整型    方法名
    int a = 5;
    int b = 12;           //方法体
    int sum = a + b;
    return sum;           //使用 return 语句返回一个整型数据
}
```

在 calsum( ) 方法中，返回值类型为 int，因此在方法体中必须使用 return 语句返回一个整数值。

调用无参带返回值方法时需要注意，由于方法执行后会返回一个结果，因此在调用时一般都会接收其返回值并进行处理。例如：

```java
package com.task4;

public class HelloWorld2 {
    public static void main(String[] argss) {
        HelloWorld2 hello = new HelloWorld2();
        int sum = hello.calsum();
        System.out.println("两数之和为:" + sum);
    }
    public int calsum() {
        int a = 5;
        int b = 12;
        int sum = a + b;
        return sum;
    }
}
```

运行结果如下。

两数之和为:17

下面介绍 3 个使用中不容忽视的 "小陷阱"。
（1）如果方法的返回类型为 void，则方法中不能使用 return 语句返回值。例如：

```java
public void showInfo(){
   return "java";//该行有错,因为方法的返回类型为 void
                //则方法中不能使用 return 返回值!
}
```

（2）方法的返回值最多只能有一个，不能返回多个值。例如：

```java
public int Eaxample(){
    int score1 =80;
    int score1 =90;
    return score1,score2;//报错
}
```

（3）方法返回值的类型必须兼容。例如，返回值类型为 int，则不能返回 String 类型值：

```java
public int getinfo(){
    String name = "一起学习 Java!";
    return name;//错误,因为方法名前的返回类型为 int,
               //而这里返回的是 String 类型值
}
```

三、带参无返回值方法的使用

有时方法的执行需要依赖于某些条件，换句话说，要想通过方法完成特定的功能，需要为其提供额外的信息。例如，现实生活中电饭锅可以实现"煮饭"的功能，但前提是为它

提供食材，如果什么都不提供，那就是"巧妇难为无米之炊"。可以通过在方法中加入参数列表接收外部传入的数据信息，参数可以是任意的基本类型数据或引用类型数据。

先来看一个带参无返回值的方法。

```
public void show(String name){        //带有一个 String 类型,名为 name 的参数
    System.out.println("欢迎你"+name+"!");
}
```

上面的代码定义了一个 show 方法，它带有一个参数 name，实现输出欢迎消息的功能。

调用带参方法与调用无参方法的语法格式类似，但在调用时必须传入实际的参数值。

```
对象名.方法名(实参1,实参2,......,实参n)
```

例如：

```
helloWord  hello = new  helloWord();        //创建对象,对象名为 hello
hello.show("一起学习 Java!");
```

运行结果如下。

```
欢迎你,一起学习 Java!
```

很多时候，把定义方法时的参数称为形参，目的是在定义方法时传入参数的个数和类型；把调用方法时的参数称为实参，目的是传递给方法真正被处理的值。

下面介绍4个使用中不容忽视的"小陷阱"。

（1）调用带参方法时，必须保证实参的数量、类型、顺序与形参一一对应。例如：

```
package com.task4;
public class Exam{
    public static void main(String args[]) {
        Exam e1 = new Exam();
        e1.show(3.12);  //报错,实参类型与形参类型不一致
    }
    public String show(String name) {
        return "欢迎一起学习" + name + "!";
    }
}
```

（2）调用方法时，实参不需要指定数据类型，例如：

```
e1.show("Java 语言程序设计!");
```

（3）方法的参数可以是基本数据类型，如 int、double 等，也可以是引用数据类型，如 String、数组等。例如：

```java
package com.task4;
import java.util.Arrays;
public class HelloWorld3 {
    public static void main(String[] args) {
        HelloWorld3 hello = new HelloWorld3();
        int[] scores = { 84, 91, 74, 62 };
        hello.print(scores);
    }
    public void print(int[] scores) {
        System.out.println(Arrays.toString(scores));
    }
}
```

（4）当方法的参数有多个时，多个参数间以逗号分隔。例如：

```java
public int calc(int num1, int num2) {
    int num3 = num1 + num2;
    return num3;
}
```

四、带参带返回值方法的使用

如果方法既包含参数，又带有返回值，则称为带参带返回值方法。

例如，在下面的代码中，定义了一个 show 方法，带有一个参数 name，该方法执行后返回一个 String 类型的结果。

```java
public String show(String name){      //返回类型为 String  参数类型为 String
    return "欢迎一起学习"+name+"!";
}
```

调用带参带返回值方法的示例代码如下。

```java
package com.task4;
public class HelloWorld4 {
    public static void main(String[] args) {
        HelloWorld4 h1 = new HelloWorld4();
        String s1 = h1.show("Java 程序设计!");
        System.out.println(s1);
    }
    public String show(String s) {
        return "欢迎一起学习" + s;
    }
}
```

运行结果如下。

欢迎一起学习Java 程序设计!

任务五 方法重载

【知识准备】

一、方法重载的定义

方法重载是指在一个类中定义多个同名的方法，但要求每个方法具有不同的参数的类型或参数的个数。调用重载方法时，Java编译器能通过检查调用的方法的参数类型和个数选择一个恰当的方法。方法重载通常用于创建完成一组任务相似但参数的类型或参数的个数或参数的顺序不同的方法。返回值类型、修饰符可以相同，也可以不同。要求同名的方法必须有不同的参数表，仅返回值类型不同是不足以区分两个重载方法。

示例代码如下。

```java
package com.task5;

public class Demo {
    //一个普通的方法,不带参数
    void test() {
        System.out.println("No parameters");
    }

    //重载上面的方法,并且带了一个整型参数
    void test(int a) {
        System.out.println("a: " + a);
    }

    //重载上面的方法,并且带了两个参数
    void test(int a, int b) {
        System.out.println("a and b: " + a + " " + b);
    }

    //重载上面的方法,并且带了一个双精度参数
    double test(double a) {
        System.out.println("double a: " + a);
        return a * a;
    }
    public static void main(String args[]) {
        Demo obj = new Demo();
        obj.test();
        obj.test(2);
        obj.test(2, 3);
        obj.test(2.0);
    }
}
```

运行结果如下。

```
No parameters
a: 2
a and b: 2 3
double a: 2.0
```

通过上面的示例代码可以看出，重载方法就是在一个类中，有相同的方法名称，但形参不同的方法。重载方法可以让一个程序段尽量减少代码和方法的种类。

说明如下。

（1）参数列表不同包括：个数不同、类型不同和顺序不同。

（2）仅参数变量名称不同是不可以的。

（3）跟成员方法一样，构造方法也可以重载。

（4）声明为 final 的方法不能重载。

（5）声明为 static 的方法不能重载，但是能够被再次声明。

二、方法重载的规则

（1）在同一个类中。

（2）方法名称必须相同。

（3）参数列表必须不同（个数不同、类型不同、参数排列顺序不同等）。

（4）方法的返回值类型可以相同也可以不相同。

（5）仅返回值类型不同不足以成为方法重载。

三、方法重载的实现

方法名称相同时，Java 编译器会根据调用方法的参数个数、参数类型等逐个匹配，以选择对应的方法，如果匹配失败，则 Java 编译器报错，这叫作重载分辨。

【任务实训】

［案例 3.3］ 比较两个数是否相等。

参数类型分别为两个 byte 类型、两个 short 类型、两个 int 类型、两个 long 类型，并在 main() 方法中进行测试，代码如下。

```java
package com.task5;

public class MethodOverloadSame {
    public static void main(String[] args) {
        byte a = 10;
        byte b = 20;
        System.out.println(isSame(a, b));
        System.out.println(isSame((short) 20, (short) 20));
        System.out.println(isSame(11, 12));
```

```java
            System.out.println(isSame(10L, 10L));
        }

        public static boolean isSame(byte a, byte b) {
            System.out.println("两个 byte 参数的方法执行!");
            boolean same;
            if (a == b) {
                same = true;
            } else {
                same = false;
            }
            return same;
        }

        public static boolean isSame(short a, short b) {
            System.out.println("两个 short 参数的方法执行!");
            boolean same = a == b ? true : false;
            return same;
        }

        public static boolean isSame(int a, int b) {
            System.out.println("两个 int 参数的方法执行!");
            return a == b;
        }

        public static boolean isSame(long a, long b) {
            System.out.println("两个 long 参数的方法执行!");
            if (a == b) {
                return true;
            } else {
                return false;
            }
        }
    }
```

运行结果如下。

```
两个 byte 参数的方法执行!
false
两个 short 参数的方法执行!
true
两个 int 参数的方法执行!
false
两个 long 参数的方法执行!
true
```

［案例 3.4］ println( )方法的重载。

在调用输出语句的时候，println( )方法其实就是进行了多种数据类型的重载形式。代码如下。

```java
package com.task5;

public class MethodOverload2 {
    public static void main(String[] args) {
        Printinf(100); //int
        Printinf("hello"); //String
    }
    public static void Printinf(byte num){
        System.out.println(num);
    }
    public static void Printinf(short num){
        System.out.println(num);
    }
    public static void Printinf(int num){
        System.out.println(num);
    }
    public static void Printinf(long num){
        System.out.println(num);
    }
    public static void Printinf(float num){
        System.out.println(num);
    }
    public static void Printinf(double num){
        System.out.println(num);
    }
    public static void Printinf(char char1){
        System.out.println(char1);
    }
    public static void Printinf(boolean b1){
        System.out.println(b1);
    }
    public static void Printinf(String str){
        System.out.println(str);
    }
}
```

运行结果。

```
100
hello
```

任务六 拓展训练

（1）编写一个学生从家到学校所使用的交通工具（Traffic）类，为其定义 3 个变量：tname 表示交通工具名称，tnum 表示搭载人数，txianlu 表示该交通工具的线路（如北京到上海）。定义两个构造方法：一个空的构造方法，一个能初始化 3 个变量的构造方法。定义一个输出交通工具信息的方法 printinf( )。

（2）定义一个测试类（TrafficTest），为 Traffic 类创建 3 个对象（一个表示汽车，一个表示火车，一个表示飞机），3 个对象分别调用构造方法初始化其相关变量，调用 printinf( ) 方法输出 3 个对象的相关信息。

（3）编写一个学生寝室电费计算程序，实现设置上月电表度数、本月电表度数，计算并显示本月用电量的功能。假设每度电价格为 0.48 元，计算机并输出本月电费。

（4）利用方法重载求不同图形的面积（三角形、矩形、圆形、梯形）。

项目四

创建学生类的子类及子类的应用

【知识目标】

(1) 掌握继承的定义。
(2) 掌握方法的重写。
(3) 掌握抽象类的定义与使用。
(4) 掌握抽象方法的定义与使用。
(5) 掌握接口及接口的实现。
(6) 掌握包的应用及内部类的创建。

【能力目标】

(1) 能够进行方法的重写。
(2) 能够定义与使用抽象类。
(3) 能够定义与使用抽象方法。
(4) 能够实现接口。
(5) 能够应用包及创建内部类。

任务一 为学生类创建子类

【知识准备】

一、继承

1. 继承的定义

继承是代码复用的一种形式，即在具有包含关系的类中，从属类继承主类的全部属性和方法，从而减少代码冗余，提高程序运行效率。例如，一个矩形（Rectangle 类）属于四边形（Quadrilateral 类），正方形、平行四边形和梯形同样都属于四边形。从类的角度来解释，可以说成 Rectangle 类是从 Quadrilateral 类继承而来的，其中 Quadrilateral 类是基类，Rectangle 类是派生类。

Java 语言中类的继承是通过扩展其他类而形成新类来实现的，原来的类称为父类（super class）或基类，新类称为原来类的子类或派生类。子类不仅包含父类的属性和方法，还可以增加新的属性和方法，使父类的基本特征可被所有子类的对象共享。

注意：类的继承并不改变类成员的访问权限。也就是说，如果父类的成员是公有的、被保护的或默认的，它的子类仍具有相应的特性。

2. 继承的定义

定义继承的语法格式如下。

```
class class_name extends extend_class //子类名称        父类名称
{
    //类的主体
}
```

其中，class_name 表示子类（派生类）的名称；extend_class 表示父类（基类）的名称；extends 关键字直接跟在子类名之后，其后是该类要继承的父类名称。例如：

```
public class Student extends Person{
    //定义一个 Student(学生)类继承 Person(人)类
}
```

3. 案例分析

[案例4.1] 教师类和学生类可以由人类派生，它们具有共同的属性（姓名、年龄、性别、身份证号），而学生类还具有学号和所学专业两个属性，教师类还具有教龄和所教专业两个属性。下面编写 Java 程序代码，使教师类和学生类都继承自人类，具体的实现步骤如下。

（1）创建人类 People，并定义 name、age、sex、sn 属性，代码如下。

```java
package task1;

public class People {
    public String name; //姓名
    public int age; //年龄
    public String sex; //性别
    public String sn; //身份证号
    public People(String name, int age, String sex, String sn) {
        this.name = name;
        this.age = age;
        this.sex = sex;
        this.sn = sn;
    }
    public String toString() {
        return "姓名:"+name+"\n年龄:"+age+"\n性别:"+sex+"\n身份证号:"+sn;
    }
}
```

在上述代码中，People 类包含 4 个公有属性、一个构造方法和一个 toString( )方法。

（2）创建 People 类的子类 Student 类，并定义 stuNo 和 department 属性，代码如下。

```
package task1;

public class Student extends People {
    private String stuNo;       //学号
    private String department;  //所学专业

    public Student(String name, int age, String sex,
            String sn, String stuno, String department) {
        super(name, age, sex, sn);  //调用父类中的构造方法
        this.stuNo = stuno;
        this.department = department;
    }

    public String toString() {
        return "姓名:" + name + "\n年龄:" + age + "\n性别:" + sex
                + "\n身份证号:" + sn + "\n学号:" + stuNo + "\n所学专业:" + department;
    }
}
```

由于 Student 类继承自 People 类，因此，Student 类同样具有 People 类的属性和方法，这里重写了父类中的 toString() 方法。

注意：如果在父类中存在有参的构造方法而并没有重载无参的构造方法，那么在子类中必须含有有参的构造方法，因为如果在子类中不含有有参的构造方法，则会默认调用父类中无参的构造方法，而在父类中并没有无参的构造方法，因此会出错。

（3）创建 People 类的另一个子类 Teacher，并定义 tYear 和 tDept 属性，代码如下。

```
package task1;

public class Teacher extends People {
    private int tYear;       //教龄
    private String tDept;    //所教专业
    public Teacher(String name, int age, String sex, String sn,
            int tYear, String tDept) {
        super(name, age, sex, sn);  //调用父类中的构造方法
        this.tYear = tYear;
        this.tDept = tDept;
    }

    public String toString() {
        return "姓名:" + name + "\n年龄:" + age + "\n性别:" + sex
                +"\n身份证号:" + sn +"\n教龄:" +tYear +"\n所教专业:" +tDept;
    }
}
```

Teacher 类与 Student 类相似，同样重写了父类中的 toString() 方法。

（4）编写测试类 PeopleTest，在该类中创建 People 类的不同对象，分别调用它们的

toString( )方法，输出不同的信息。代码如下。

```
package task1;

public class PeopleTest {
    public static void main(String[] args) {
        //创建 Student 类对象
        People stuPeople = new Student("王丽丽", 23, "女",
                "410521198902145589", "00001", "计算机应用与技术");
        System.out.println(" ------------------学生信息-----------------
----");
        System.out.println(stuPeople);
        //创建 Teacher 类对象
        People teaPeople = new Teacher("张文", 30, "男",
                "410521198203128847", 5, "计算机应用与技术");
        System.out.println(" ------------------教师信息-----------------
-----");
        System.out.println(teaPeople);
    }
}
```

运行程序，输出的结果如下：
------------------学生信息----------------------
姓名:王丽丽
年龄:23
性别:女
身份证号:410521198902145589
学号:00001
所学专业:计算机应用与技术
------------------教师信息----------------------
姓名:张文
年龄:30
性别:男
身份证号:410521198203128847
教龄:5
所教专业:计算机应用与技术

注：尽管一个类只能有一个直接的父类，但是它可以有多个间接的父类。例如，Student 类继承自 Person 类，Person 类继承自 Person1 类，Person1 类继承自 Person2 类，那么 Person1 类和 Person2 类是 Student 类的间接父类。

图 4-1 所示为单继承关系。

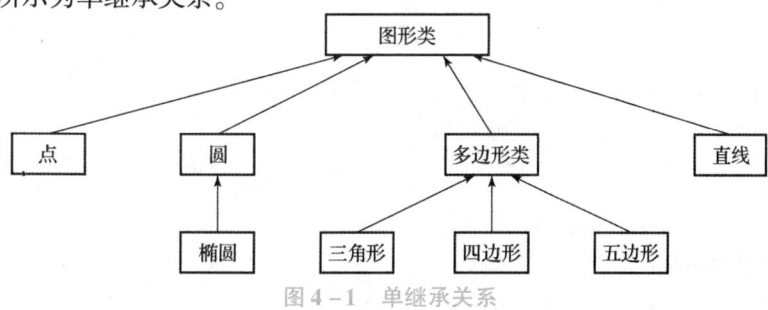

图 4-1　单继承关系

从图 4-1 可以看出，三角形类、四边形类和五边形类的直接父类是多边形类，它们的间接父类是图形类。图形类、多边形类和三角形类、四边形类、五边形类形成了一个继承分支。在这个分支上，位于下层的子类会继承上层所有直接或间接父类的属性和方法。如果两个类不在同一个继承分支上，就不会存在继承关系，例如多边形类和直线类。

二、方法重写

（1）方法重写的定义。

在子类中创建一个与父类中相同名称、相同返回值类型、相同参数列表的方法，只是方法体中的实现不同，以实现不同于父类的功能，这种方式称为方法重写，又称为方法覆盖。

（2）在重写方法时，需要遵循下面的规则。

①参数列表必须完全与被重写方法的参数列表相同，否则不能称其为重写。

②返回值类型必须与被重写方法的返回值类型相同，否则不能称其为重写。

③访问修饰符的限制一定要大于被重写方法的访问修饰符（public > protected > default > private）。

④重写方法一定不能抛出新的检查异常或者比被重写方法声明更加宽泛的检查型异常。例如，父类的一个方法声明了一个检查异常 IOException，在重写这个方法时就不能抛出 Exception 异常，只能抛出 IOException 的子类异常，但可以抛出非检查异常。

【任务实训】

[案例 4.2] 每种动物都有名字和年龄属性，但是它们喜欢吃的食物是不同的，比如狗喜欢吃骨头、猫喜欢吃鱼等，因此每种动物的介绍方式是不一样的。下面编写 Java 程序，在父类 Animal 中定义 getInfo() 方法，并在子类 Cat 中重写该方法，实现猫的介绍方式。父类 Animal 的代码如下。

```java
package task1;
public class Animal {
    public String name; //名字
    public int age; //年龄

    public Animal(String name, int age) {
        this.name = name;
        this.age = age;
    }

    public String getInfo() {
        return "我叫" + name + ",今年" + age + "岁了。";
    }
}
```

子类 Cat 的代码如下。

```java
package task1;
public class Cat extends Animal {
    private String hobby;
    public Cat(String name, int age, String hobby) {
        super(name, age);
        this.hobby = hobby;
    }

    public String getInfo() {
        return "喵！大家好！我叫" + this.name + ",我今年" + this.age
            + "岁了,我爱吃" + hobby + "。";
    }

    public static void main(String[] args) {
        Animal animal = new Cat("小白", 2, "鱼");
        System.out.println(animal.getInfo());
    }
}
```

在上述代码中，在 Animal 类中定义了一个返回值类型为 String、名称为 getInfo() 的方法，而 Cat 类继承自该类，因此 Cat 类同样含有与 Animal 类中相同的 getInfo() 方法。但是在 Cat 类中又重新定义了一个 getInfo() 方法，即重写了父类中的 getInfo() 方法。

在 main() 方法中，创建了 Cat 类的对象 animal，并调用了 getInfo() 方法。

运行结果如下。

喵！大家好！我叫小白,我今年2岁了,我爱吃鱼。

在子类中创建了一个成员变量，而该变量的类型和名称都与父类中的同名成员变量相同，这称作变量隐藏。

任务二　创建抽象类和抽象方法

【知识准备】

一、抽象类的定义与使用

如果一个类只定义了一个为所有子类共享的一般形式，至于细节则交给每一个子类去实现，这种类没有任何具体的实例，只具有一些抽象的概念，那么这样的类称为抽象类。

在面向对象领域，抽象类主要用来进行类型隐藏。比如，在进行图形编辑软件的开发时，会发现问题领域中存在圆、三角形这样一些具体概念，它们是不同的，但是它们都属于形状的概念，形状这个概念在问题领域中是不存在的，它就是一个抽象概念。正是因为抽象概念在问题领域中没有对应的具体概念，所以用来表征抽象概念的抽象类是不能够实例化的。

定义抽象类的语法格式如下。

```
<abstract> class <class_name>
{
    <abstract> <type> <method_name> (parameter-iist);
}
```

其中，abstract 表示该类是抽象的；class_name 表示抽象类的名称；method_name 表示抽象方法的名称。

二、抽象方法的定义与使用

如果在一个方法之前使用 abstract 来修饰，则说明该方法是抽象方法，不能有方法体。

注意：abstract 关键字只能用于普通方法，不能用于 static 方法或者构造方法。抽象类必须包含至少一个抽象方法，并且所有抽象方法不能有具体的实现，而应在它们的子类中实现所有的抽象方法（要有方法体）。

包含一个或多个抽象方法的类必须通过在其 class 声明前添加 abstract 关键字将其声明为抽象类。因为一个抽象类不定义完整的实现，所以抽象类也就没有自己的对象。因此，任何使用 new 关键字创建抽象类对象的尝试都会导致编译错误。

【任务实训】

[案例 4.3] 不同几何图形的面积计算公式是不同的，但是它们的特性是相同的，即都具有长和宽这两个属性，也都具有面积计算的方法。那么可以定义一个抽象类，该抽象类含有两个属性（width 和 height）和一个抽象方法 area()。具体步骤如下。

(1) 创建一个表示图形的抽象类 Shape，代码如下。

```java
package task2;

public abstract class Shape {
    public int width;  //几何图形的长
    public int height;  //几何图形的宽

    public Shape(int width, int height) {
        this.width = width;
        this.height = height;
    }
    public abstract double area();  //定义抽象方法,计算面积
}
```

(2) 定义一个正方形类，该类继承自形状类 Shape，并重写了抽象方法 area()。正方形类的代码如下。

```
package task2;

public class Square extends Shape {
    public Square(int width, int height) {
        super(width, height);
    }

    //重写父类中的抽象方法,实现计算正方形面积的功能
    @Override
    public double area() {
        return width * height;
    }
}
```

(3) 定义一个三角形类,该类与正方形类一样,需要继承自形状类 Shape,并重写父类中的抽象方法 area()。三角形类的代码如下。

```
package task2;

public class Triangle extends Shape {
    public Triangle(int width, int height) {
        super(width, height);
    }

    //重写父类中的抽象方法,实现计算三角形面积的功能
    @Override
    public double area() {
        return 0.5 * width * height;
    }
}
```

(4) 创建一个测试类,分别创建正方形类和三角形类的对象,并调用各类中的 area()方法,打印出不同形状的几何图形的面积。测试类的代码如下。

```
package task2;

public class ShapeTest {
    public static void main(String[] args) {
        Square square = new Square(5, 4); //创建正方形类对象
        System.out.println("正方形的面积为:" + square.area());
        Triangle triangle = new Triangle(2, 5); //创建三角形类对象
        System.out.println("三角形的面积为:" + triangle.area());
    }
}
```

在上述程序中,创建了4个类,分别为图形类 Shape、正方形类 Square、三角形类 Triangle 和测试类 ShapeTest。其中图形类 Shape 是一个抽象类,创建了两个属性,分别为图形的长度和宽度,并通过构造方法 Shape() 为这两个属性赋值。

在 Shape 类的最后定义了一个抽象方法 area()，用来计算图形的面积。在这里，Shape 类只是定义了计算图形面积的方法，而对于如何计算并没有任何限制。也可以这样理解，抽象类 Shape 仅定义了子类的一般形式。

正方形类 Square 继承自抽象类 Shape，并实现了抽象方法 area()。三角形类 Triangle 的实现和正方形类相同，这里不再介绍。

在测试类 ShapeTest 的 main() 方法中，首先创建了正方形类和三角形类的实例化对象 square 和 triangle，然后分别调用 area() 方法实现了面积计算功能。

（5）运行结果如下。

```
正方形的面积为:20.0
三角形的面积为:5.0
```

任务三 创建接口及接口的实现

【知识准备】

接口类似于类，但接口的成员没有执行体，它只是方法、属性、事件和索引符的组合而已。接口不能被实例化，接口没有构造方法，没有字段。在应用程序中，接口就是一种规范，它封装了可以被多个类继承的公共部分。

一、接口的定义

接口继承和实现继承的规则不同，一个类只有一个直接父类，但可以实现多个接口。接口本身没有任何实现，只描述 public 行为，因此接口比抽象类更抽象化。接口的方法只能是抽象的和公开的，接口不能有构造方法，接口可以有 public、static 和 final 属性。

接口把方法的特征和方法的实现分隔开来，这种分隔体现在接口常代表一个角色，它包装与该角色相关的操作和属性，而实现这个接口的类便是扮演这个角色的演员。一个角色由不同的演员来扮演，而不同的演员除了扮演一个共同的角色之外，并不要求有其他共同之处。

接口的声明、变量和方法有许多限制，现将这些限制作为接口的特征归纳如下。

（1）具有 public 访问控制符的接口，允许任何类使用；没有指定 public 的接口，其访问将局限于所属的包。

（2）方法的声明不需要其他修饰符，在接口中声明的方法将隐式地声明为公有的（public）和抽象的（abstract）。

（3）在接口中声明的变量其实都是常量，接口中的变量将隐式地声明为 public、static 和 final，即常量，所以在接口中定义的变量必须初始化。

（4）接口没有构造方法，不能被实例化。例如：

```
public interface A
{
    publicA(){…}      //编译出错,接口不允许定义构造方法
}
```

(5) 一个接口不能够实现另一个接口,但它可以继承自多个其他接口。子接口可以对父接口的方法和常量进行重写。例如:

```
public interface StudentInterface extends PeopleInterface
{
    //接口 StudentInterface 继承自 PeopleInterface
    int age = 25;          //常量 age 重写父接口中的 age 常量
    void getInfo();        //方法 getInfo()重写父接口中的 getInfo()方法
}
```

接口的定义方式与类基本相同,不过接口定义使用的关键字是 interface,接口定义由接口声明和接口体两部分组成。语法格式如下。

```
[public] interface interface_name [extends interface1_name[, interface2_name,
…]]
{
    //接口体,其中可以包含定义常量和声明方法
    [public] [static] [final] type constant_name = value;   //定义常量
    [public] [abstract] returnType method_name(parameter_list);  //声明方法
}
```

其中,public 表示接口的修饰符,当没有修饰符时,则使用默认的修饰符,此时该接口的访问权限仅局限于所属的包;interfaCe_name 表示接口的名称,可以是任何有效的标识符;extends 表示接口的继承关系;interface1_name 表示要继承的接口名称;constant_name 表示变量名称,一般是 static 和 final 类型的;returnType 表示方法的返回值类型;parameter_list 表示参数列表,接口中的方法是没有方法体的。

提示:如果接口本身被定义为 public,则所有的方法和常量都是 public 类型的。

例如,定义一个接口 MyInterface,并在该接口中声明常量和方法,代码如下。

```
public interface MyInterface
{   //接口 myInterface
    String name;          //不合法,变量 name 必须初始化
    int age = 20;         //合法,等同于 public static final int age = 20;
    void getInfo();       //方法声明,等同于 public abstract void getInfo();
}
```

二、接口的实现

接口被定义后,一个或者多个类都可以实现该接口,这需要在实现接口的类的定义中包含 implements 子句,然后实现由接口定义的方法。实现接口的一般语法格式如下。

```
<public> class <class_name> [extends superclass_name] [implements interface
[, interface…]]
{
    //主体
}
```

如果一个类实现多个接口，这些接口需要使用逗号分隔。如果一个类实现两个声明了同样方法的接口，那么相同的方法将被其中任一个接口使用。实现接口的方法必须声明为 public，而且实现方法的类型必须严格与接口定义中指定的类型匹配。

三、接口和抽象类的区别

从前面对面向对象的设计原则的讲解可以了解到，其实所有的设计原则和设计模式都离不开抽象，因为只有抽象才能实现上述设计原则和设计模式。在 Java 语言中，针对抽象有两种实现方式：一种是接口，一种是抽象类。很多读者对这两种实现方式比较困惑，到底是使用接口，还是使用抽象类呢？对于它们的选择甚至反映出对问题领域本质和设计意图的理解是否正确。

在面向对象的设计思想中，所有对象都是通过类来描绘的，但是反过来，并不是所有类都是用来描绘对象的。如果一个类中没有描绘一个具体的对象，那么这样的类就是抽象类。抽象类是对那些看上去不同，但是本质上相同的具体概念的抽象。正是因为抽象的概念在问题领域没有对应的具体概念，所以抽象类是不能够实例化的。

1. 基本语法的区别

在 Java 语言中，定义接口和抽象类的语法格式是不一样的。这里以动物类为例来说明，定义接口的示例代码如下。

```
public interface Animal
{
    //所有动物都会吃
    public void eat();

    //所有动物都会飞
    public void fly();
}
```

定义抽象类的示例代码如下。

```
public abstract class Animal
{
    //所有动物都会吃
    public abstract void eat();

    //所有动物都会飞
    public void fly(){};
}
```

可以看到，接口只能包含功能的定义，而抽象类则可以包含功能的定义和功能的实现。在接口中，所有的属性肯定是 public、static 和 final，所有的方法都是 abstract，所以可以默认不写上述标识符；在抽象类中，既可以包含抽象的定义，也可以包含具体的实现方法。

在具体的实现类上，定义接口和抽象类的实现类的语法格式也是不一样的。定义接口的实现类的示例代码如下。

```
public class concreteAnimal implements Animal
{
    // 所有动物都会吃
    public void eat(){}

    // 所有动物都会飞
    public void fly(){}
}
```

定义抽象类的实现类示例代码如下。

```
public class concreteAnimal extends Animal
{
    // 所有动物都会吃
    public void eat(){}

    // 所有动物都会飞
    public void fly(){}
}
```

可以看到，在接口的实现类中使用了 implements 关键字，而在抽象类的实现类中，则使用了 extends 关键字。一个接口的实现类可以实现多个接口，而一个抽象类的实现类则只能实现一个抽象类。

2. 设计思想的区别

从前面抽象类的具体实现类的实现方式可以看出，其实在 Java 语言中，抽象类和具体实现类是一种继承关系，也就是说如果采用抽象类的方式，则父类和子类在概念上应该是相同的。接口却不一样，如果采用接口的方式，则父类和子类在概念上不要求相同。接口只是抽取相互之间没有关系的类的共同特征，而不用关注类之间的关系，它可以使没有层次关系的类具有相同的行为。因此，可以这样说：抽象类是对一组具有相同属性和方法的逻辑上有关系的事物的一种抽象，而接口则是对一组具有相同属性和方法的逻辑上不相关的事物的一种抽象。

仍然以前面动物类的设计为例来说明接口和抽象类的设计思想的区别。该动物类默认所有的动物都具有吃的功能，其中定义接口的示例代码如下。

```java
public interface Animal
{
    //所有动物都会吃
    public void eat();
}
```

定义抽象类的示例代码如下。

```java
public abstract class Animal
{
    //所有动物都会吃
    public abstract void eat();
}
```

不管是实现接口，还是继承抽象类的具体动物，都具有吃的功能，具体的动物类的示例代码如下。

接口的实现类的示例代码如下。

```java
public class concreteAnimal implements Animal
{
    //所有动物都会吃
    public void eat(){}
}
```

抽象类的实现类的示例代码如下。

```java
public class concreteAnimal extends Animal
{
    //所有动物都会吃
    public void eat(){}
}
```

当然，具体的动物类不光具有吃的功能，比如有些动物还会飞，而有些动物还会游泳，那么该如何设计这个抽象的动物类呢？可以在接口和抽象类中增加飞的功能。其中定义接口的示例代码如下。

```java
public interface Animal
{
    //所有动物都会吃
    public void eat();

    //所有动物都会飞
    public void fly();
}
```

定义抽象类的示例代码如下。

```java
public abstract class Animal
{
    //所有动物都会吃
    public abstract void eat();

    //所有动物都会飞
    public void fly(){};
}
```

这样一来，不管是接口还是抽象类的实现类，都具有飞的功能，这显然不能满足要求，因为只有一部分动物会飞，而会飞的却不一定是动物，比如飞机也会飞。那该如何设计呢？有很多种方案，比如再设计一个动物的接口类，该接口类具有飞的功能，示例代码如下。

```java
public interface AnimaiFly
{
    //所有动物都会飞
    public void fly();
}
```

那些具体的动物类，如果有飞的功能，除了实现吃的功能的接口外，再实现飞的功能的接口，示例代码如下。

```java
public class concreteAnimal implements Animal,AnimaiFly
{
    //所有动物都会吃
    public void eat(){}

    //动物会飞
    public void fly();
}
```

那些不需要飞的功能的具体动物类只实现具体吃的功能的接口即可。另外一种解决方案是再设计一个动物的抽象类，该抽象类具有飞的功能，示例代码如下。

```java
public abstract class AnimaiFly
{
    //动物会飞
    public void fly();
}
```

但此时没有办法实现那些既有吃的功能，又有飞的功能的具体动物类。因为在 Java 语言中，具体的实现类只能实现一个抽象类。一个折中的解决办法是，让这个具有飞的功能的抽象类继承自具有吃的功能的抽象类，示例代码如下。

```java
public abstract class AnimaiFly extends Animal
{
    //动物会飞
    public void fly();
}
```

此时，对那些只需要吃的功能的具体动物类来说，继承自 Animal 抽象类即可。对那些既有吃的功能又有飞的功能的具体动物类来说，则需要继承自 AnimalFly 抽象类。

但此时对客户端来说有一个问题，那就是不能针对所有的动物类都使用 Animal 抽象类进行编程，因为 Animal 抽象类不具有飞的功能，这不符合面向对象的设计原则，因此这种解决方案其实是行不通的。

还有另外一种解决方案，即具有吃的功能的抽象动物类用抽象类实现，而具有飞的功能的类用接口实现；或者具有吃的功能的抽象动物类用接口实现，而具有飞的功能的类用抽象类实现。

具有吃的功能的抽象动物类用抽象类实现，示例代码如下。

```java
public abstract class Animal
{
    //所有动物都会吃
    public abstract void eat();
}
```

具有飞的功能的类用接口实现，示例代码如下。

```java
public interface AnimaiFly
{
    //动物会飞
    public void fly();
}
```

既具有吃的功能又具有飞的功能的具体的动物类，则继承自 Animal 动物抽象类，实现 AnimalFly 接口，示例代码如下。

```java
public class concreteAnimal extends Animal implements AnimaiFly
{
    //所有动物都会吃
    public void eat(){}

    //动物会飞
    public void fly();
}
```

或者具有吃的功能的抽象动物类用接口实现，示例代码如下。

```
public interface Animal
{
    //所有动物都会吃
    public abstract void eat();
}
```

具有飞的功能的类用抽象类实现，示例代码如下。

```
public abstract class AnimaiFly
{
    //动物会飞
    public void fly(){};
}
```

既具有吃的功能又具有飞的功能的具体的动物类，则实现 Animal 动物类接口，继承自 AnimaiFly 抽象类，示例代码如下。

```
public class concreteAnimal extends AnimaiFly implements Animal
{
    //所有动物都会吃
    public void eat(){}

    //动物会飞
    public void fly();
}
```

这些解决方案有什么不同呢？回过头来看接口和抽象类的区别：抽象类是对一组具有相同属性和方法的逻辑上有关系的事物的一种抽象，而接口则是对一组具有相同属性和方法的逻辑上不相关的事物的一种抽象，因此抽象类表示的是"is a"关系，接口表示的是"like a"关系。

假设现在要研究的系统只是动物系统，如果设计人员认为对既具有吃的功能又具有飞的功能的具体的动物类来说，它和只具有吃的功能的动物一样，都是动物，是一组逻辑上有关系的事物，则这里应该使用抽象类来抽象具有吃的功能的动物类，即继承自 Animal 动物抽象类，实现 AnimalFly 接口。

如果设计人员认为对既具有吃的功能，又具有飞的功能的具体的动物类来说，它和只具有飞的功能的动物一样，都是动物，是一组逻辑上有关系的事物，则这里应该使用抽象类来抽象具有飞的功能的动物类，即实现 Animal 动物类接口，继承自 AnimaiFly 抽象类。

假设现在要研究的系统不只是动物系统，如果设计人员认为不管是吃的功能，还是飞的功能和动物类没有什么关系，因为飞机也会飞，人也会吃，则这里应该实现两个接口来分别抽象吃的功能和飞的功能，即除了实现吃的功能的 Animal 接口外，再实现飞的功能的 AnimalFly 接口。

从上面的分析可以看出，对于接口和抽象类的选择，反映出设计人员看待问题的不同角度，即抽象类用于一组相关的事物，表示的是"is a"的关系，而接口用于一组不相关的事物,表示的是"like a"的关系。

【任务实训】

[案例4.4] 在程序的开发中,需要完成两个数的求和运算和比较运算功能的类非常多。那么可以定义一个接口将类似功能组织在一起。下面创建一个示例程序,具体介绍接口的实现方式。

(1) 创建一个名称为 IMath 的接口,代码如下。

```java
public interface IMath
{
    public int sum();                    //完成两个数的相加
    public int maxNum(int a,int b);      //获取较大的数
}
```

(2) 定义一个 MathClass 类并实现 IMath 接口,代码如下。

```java
public class MathClass implements IMath
{
    private int num1;        //第 1 个操作数
    private int num2;        //第 2 个操作数
    public MathClass(int num1,int num2)
    {
        //构造方法
        this.num1 = num1;
        this.num2 = num2;
    }
    // 实现接口中的求和方法
    public int sum()
    {
        return num1 + num2;
    }
    // 实现接口中的获取较大数的方法
    public int maxNum(int a,int b)
    {
        if(a >= b)
        {
            return a;
        }
        else
        {
            return b;
        }
    }
}
```

在实现类中,所有的方法都使用 public 访问修饰符声明。无论何时实现一个由接口定义的方法,它都必须实现为 public,因为接口中的所有成员都显式声明为 public。

(3) 创建测试类 NumTest,实例化接口的实现类 MathClass,调用该类中的方法并输出

结果。该类内容如下。

```
public class NumTest
{
    public static void main(String[] args)
    {
        //创建实现类的对象
        MathClass calc = new MathClass(100,300);
        System.out.println("100 和 300 相加结果是:" + calc.sum());
        System.out.println("100 比较 300,哪个大:" + calc.maxNum(100,300));
    }
}
```

运行结果如下。

```
100 和 300 相加结果是:400
100 比较 300,哪个大:300
```

在上述程序中,首先定义了一个 IMath 接口,在该接口中只声明了两个未实现的方法,这两个方法需要在接口的实现类中实现。在实现类 MathClass 中定义了两个私有的属性,并赋予两个属性初始值,同时创建了该类的构造方法。因为该类实现了 MathClass 接口,因此必须实现接口中的方法。在最后的测试类中,需要创建实现类对象,然后通过实现类对象调用实现类中的方法。

任务四 包的应用及内部类的创建

【知识准备】

一、包的创建及应用

包的声明和使用非常简单,在了解基本语法之后,下面通过一个示例演示在 Java 程序中声明包,以及不同包之间类的使用。

(1) 创建一个名为 com. dao 的包。

(2) 向 com. dao 包中添加一个 Student 类,该类包含一个返回 String 类型数组的 GetAll( ) 方法。Student 类代码如下。

```
package com.dao;
public class Student {
    public static String[] GetAll() {
        String[] namelist = {"张琦","龙园","罗婷婷","杨攀平","冷欢欢","梁丽艳"};
        return namelist;
    }
}
```

(3) 创建 com. test 包，在该包里创建带 main( )方法的 TestStudent 类。

(4) 在 main( )方法中遍历 Student 类的 GetAll( )方法中的元素内容，在遍历元素内容之前，使用 import 引入整个 com. dao 包。完整代码如下。

```java
package com.test;
import com.dao.Student;
public class TestStudent {
    public static void main(String[] args) {
        System.out.println("学生信息如下:");
        for (String str : Student.GetAll()) {
            System.out.println(str);
        }
    }
}
```

(5) 运行上一步骤的代码进行测试，运行结果如下。

```
学生信息如下：
张琦
龙园
罗婷婷
杨攀平
冷欢欢
梁丽艳
```

二、内部类

在一个类内部的类，称为内部类。内部类可以很好地实现隐藏，一般的非内部类是不允许有 private 与 protected 权限的，但内部类可以。内部类拥有外围类的所有元素的访问权限。内部类可以分为实例内部类、静态内部类和成员内部类，每种内部类都有其特点。

在类 A 中定义类 B，那么类 B 就是内部类，也称为嵌套类，相对而言，类 A 就是外部类。如果有多层嵌套，例如类 A 中有内部类 B，而类 B 中还有内部类 C，那么通常将最外层的类称为顶层类（或者顶级类）。内部类也可以分为多种形式，与变量非常类似，如图 4-2 所示。

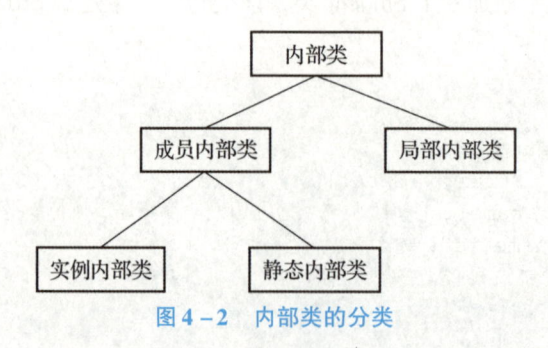

图 4-2 内部类的分类

内部类的特点如下。

(1) 内部类仍然是一个独立的类，在编译之后内部类会被编译成独立的".class"文件，但是前面冠以外部类的类名和"＄"符号。

(2) 内部类不能用普通的方式访问。内部类是外部类的一个成员，因此内部类可以自由地访问外部类的成员变量，无论它是否为 private 类型。

(3) 若内部类被声明成静态的，就不能随便访问外部类的成员变量，仍然只能访问外部类的静态成员变量。

内部类的使用方法非常简单，例如下面的代码演示了内部类最简单的应用。

```java
public class Test {
 public class InnerClass {
     public int getSum(int x, int y) {
         return x + y;
     }
 }

 public static void main(String[] args) {
     Test.InnerClass ti = new Test().new InnerClass();
     int i = ti.getSum(2, 3);
     System.out.println(i); //输出 5
 }
}
```

有关内部类的说明有如下几点。

(1) 外部类只有两种访问级别：public 和默认；内部类则有 4 种访问级别：public、protected、private 和默认。

(2) 在外部类中可以直接通过内部类的类名访问内部类。例如：

```java
InnerClass ic = new InnerClass();    //InnerClass 为内部类的类名
```

(3) 在外部类以外的其他类中则需要通过内部类的完整类名访问内部类。例如：

```java
//Test.innerClass 是内部类的完整类名
Test.InnerClass ti = new Test().new InnerClass();
```

(4) 内部类与外部类不能重名。

提示：内部类的很多访问规则可以参考变量和方法。

三、Java 内置包装类

Java 是一种面向对象的编程语言，Java 中的类把方法与数据类型连接在一起，构成了自包含式的处理单元。但在 Java 语言中不能定义基本类型对象，为了能将基本数据类型视为对象处理，并能连接相关方法，Java 语言为每个基本数据类型都提供了包装类，如 int 类型数值的包装类 Integer、boolean 类型数值的包装类 Boolean 等。这样便可以把这些基本数据类型转换为对象来处理了。

虽然 Java 语言可以直接处理基本数据类型,但是在有些情况下需要将其作为对象来处理,这时就需要将其转换为包装类。下面详细介绍 Java 语言提供的各种包装类,以及 System 类的使用。

1. Object 类

Object 类是 Java 类库中的一个特殊类,也是所有类的父类。当一个类被定义后,如果没有指定继承的父类,那么默认父类就是 Object 类。因此,以下两个类是等价的。

```
public class MyClass{…}
等价于
public class MyClass extends Object {…}
```

由于 Java 语言中的所有类都是由 Object 类派生出来的,因此在 Object 类中定义的方法,在其他类中都可以使用。Object 类的常用方法见表 4-1 所示。

表 4-1 Object 类的常用方法

方法	说明
Object clone( )	创建与该对象的类相同的新对象
boolean equals(Object)	比较两个对象是否相等
void finalize( )	当垃圾回收器确定不存在对该对象的更多引用时,对象的垃圾回收器调用该方法
Class getClass( )	返回一个对象运行时的实例类
int hashCode( )	返回该对象的散列码值
void notify( )	激活等待在该对象的监视器上的一个线程
void notifyAll( )	激活等待在该对象的监视器上的全部线程
String toString( )	返回该对象的字符串表示
void wait( )	在其他线程调用此对象的 notify( )方法或 notifyAll( )方法前,导致当前线程等待

其中,equals( )方法和 getClass( )方法在 Java 程序中比较常用。

1) equals( )方法

equals( )方法的作用与运算符类似,用于值与值的比较和值与对象的比较,而 equals( )方法用于对象与对象之间的比较,其使用的语法格式如下。

```
boolean result = obj.equals(Object o);
```

其中,Obj 表示要进行比较的一个对象;o 表示另一个对象。

【任务实训】

[案例4.5] 编写一个Java程序，实现用户登录的验证功能。要求：用户从键盘输入登录用户名和密码，当用户输入的用户名等于admin并且密码等于trzy时（trzy为铜仁职业技术学院网址域名），则表示该用户为合法用户，提示登录成功信息，否则提示用户名或者密码错误信息。

在这里使用equals()方法将用户输入的字符串与相应字符串进行比较，代码如下。

```java
package task4;

import java.util.Scanner;

public class Test01 {
    //验证登录用户名和密码
    public static boolean validateLogin(String name, String pwd) {
        boolean flag = false;
        if (name.equals("admin") && pwd.equals("trzy")) {//比较两个String对象
            flag = true;
        }
        return flag;
    }

    public static void main(String[] args) {
        Scanner sc = new Scanner(System.in);
        System.out.println("---欢迎使用大数据管理平台---");
        System.out.println("请输入用户名:");
        String username = sc.next(); //获取用户输入的用户名
        System.out.println("请输入密码:");
        String pwd = sc.next(); //获取用户输入的密码
        boolean flag = validateLogin(username, pwd);
        if (flag) {
            System.out.println("登录成功!");
        } else {
            System.out.println("用户名或密码有误!");
        }
    }
}
```

上述代码在validateLogin()方法中又使用equals()方法将两个String类型的对象进行比较，当uname对象与保存admin的String对象相同时，"uname.equals("admin")"为true；与此相同，当upwd对象与保存admin的String对象相同时，"upwd.equals("admin")"为true。当用户输入的登录用户名和密码都为admin时，表示该用户为合法用户，提示登录成功信息，否则提示用户名或密码错误信息。

运行结果如下。

```
---欢迎使用大数据管理平台---
请输入用户名：
admin
请输入密码：
trzy
登录成功！
再次运行程序结果如下：
---欢迎使用大数据管理平台---
请输入用户名：
admin
请输入密码：
123
用户名或密码有误！
```

2）getClass( )方法

getClass( )方法返回对象所属的类，是一个 Class 对象。通过 Class 对象可以获取该类的各种信息，包括类名、父类以及它所实现接口的名字等。

[案例4.6] 编写一个示例程序，演示如何对 String 类型调用 getClass( )方法，然后输出其父类及实现的接口信息。代码如下。

```java
package task4;

public class Test02 {
    public static void printClassInfo(Object obj) {
        //获取类名
        System.out.println("类名:"+obj.getClass().getName());
        //获取父类名
        System.out.println("父类:"+obj.getClass().getSuperclass().getName());
        System.out.println("实现的接口有:");
        //获取实现的接口并输出
        for (int i = 0; i < obj.getClass().getInterfaces().length; i ++) {
            System.out.println(obj.getClass().getInterfaces()[i]);
        }
    }

    public static void main(String[] args) {
        String strObj = new String();
        printClassInfo(strObj);
    }
}
```

运行结果如下。

```
类名:java.lang.String
父类:java.lang.Object
实现的接口有:
```

```
interface java.io.Serializable
interface java.lang.Comparable
interface java.lang.CharSequence
interface java.lang.constant.Constable
interface java.lang.constant.ConstantDesc
```

2. Integer 类

Integer 类在对象中包装了一个基本类型 int 的值。Integer 类对象包含一个 int 类型的字段。此外，该类提供了多个方法，能在 int 类型和 String 类型之间互相转换，还提供了处理 int 类型时非常有用的其他常量和方法。

1）Integer 类的构造方法

Integer 类的构造方法有以下两个。

（1）Integer(int value)：构造一个新分配的 Integer 对象，它表示指定的 int 值。

（2）Integer(String s)：构造一个新分配的 Integer 对象，它表示 String 参数所指示的 int 值。

例如，以下代码分别使用以上两个构造方法来获取 Integer 对象。

```
Integer integer1 = new Integer(100);
// 以 int 型变量作为参数创建 Integer 对象
Integer integer2 = new Integer("100");
// 以 String 型变量作为参数创建 Integer 对象
```

2）Integer 类的常用方法

在 Integer 类内部包含一些和 int 类型操作有关的方法，见表 4-2。

表 4-2 Integer 类的常用方法

方法	返回值类型	功能
byteValue()	byte	以 byte 类型返回该 Integer 类的值
shortValue()	short	以 short 类型返回该 Integer 类的值
intValue()	int	以 int 类型返回该 Integer 类的值
toString()	String	返回一个表示该 Integer 类的值的 String 对象
equals(Object obj)	boolean	比较此对象与指定对象是否相等
compareTo（Integer anotherInteger）	int	在数字上比较两个 Integer 对象，如相等，则返回 0；如调用对象的数值小于 anotherInteger 的数值，则返回负值；如调用对象的数值大于 anotherInteger 的数值，则返回正值
valueOf(String s)	Integer	返回保存指定的 String 值的 Integer 对象
parseInt(String s)	int	将数字字符串转换为 int 类型数值

在实际的编程过程中，经常将字符串转换为 int 类型数值，或者将 int 类型数值转换为对应的字符串。以下代码演示如何实现这两种功能。

```
String str = "456";
int num = Integer.parseInt(str);  //将字符串转换为 int 类型数值
int i = 789;
String s = Integer.toString(i);   //将 int 类型数值转换为字符串
```

注意： 在将字符串转换为 int 类型数值的过程中，如果字符串中包含非数值类型的字符，则程序运行将出现异常。

[案例 4.7] 编写一个 Java 程序，在程序中创建一个 String 类型变量，然后将它转换为二进制、八进制、十进制和十六进制输出。代码如下。

```
package task4;

public class Test03 {
    public static void main(String[] args) {
        int num = 50;
        String str = Integer.toString(num);         //将数字转换成字符串
        String str1 = Integer.toBinaryString(num);  //将数字转换成二进制
        String str2 = Integer.toHexString(num);     //将数字转换成八进制
        String str3 = Integer.toOctalString(num);   //将数字转换成十六进制
        System.out.println(str + "的二进制数是:" + str1);
        System.out.println(str + "的八进制数是:" + str3);
        System.out.println(str + "的十进制数是;" + str);
        System.out.println(str + "的十六进制数是:" + str2);
    }
}
```

运行结果如下。

```
50 的二进制数是:110010
50 的八进制数是:62
50 的十进制数是;50
50 的十六进制数是:32
```

3）Integer 类的常量

Integer 类包含以下 4 个常量。

(1) MAX_VALUE：值为 $2^{31}-1$ 的常量，它表示 int 类型能够表示的最大值。
(2) MIN_VALUE：值为 -2^{31} 的常量，它表示 int 类型能够表示的最小值。
(3) SIZE：用来以二进制补码的形式表示 int 类型数值的比特位数。
(4) TYPE：表示基本数据类型 int 的 Class 实例。

下面的代码演示了 Integer 类中常量的使用。

```
int max_value = Integer.MAX_VALUE;   //获取 int 类型可取的最大值
int min_value = Integer.MIN_VALUE;   //获取 int 类型可取的最小值
```

```
int size = Integer.SIZE;       //获取 int 类型的二进制位
Class c = Integer.TYPE;        //获取基本数据类型 int 的 Class 实例
```

3. Float 类

Float 类在对象中包装了一个基本数据类型 float 的数值。Float 类对象包含一个 float 类型的字段。此外，该类提供了多个方法，能在 float 类型与 String 类型之间互相转换，同时还提供了处理 float 类型时比较常用的常量和方法。

1）Float 类的构造方法

Float 类的构造方法有以下 3 个（从 JDK9 之后被废弃）。

（1）Float(double value)：构造一个新分配的 Float 对象，它表示转换为 float 类型的参数。

（2）Float(float value)：构造一个新分配的 Float 对象，它表示基本的 float 参数。

（3）Float(String s)：构造一个新分配的 Float 对象，它表示 String 参数所指示的 float 类型数值。

例如，以下代码分别使用以上 3 个构造方法获取 Float 对象。

```
Float float1 = new Float(3.14145);      //以 double 类型的变量作为参数创建 Float 对象
Float float2 = new Float(6.5);          //以 float 类型的变量作为参数创建 Float 对象
Float float3 = new Float("3.1415");     //以 String 类型的变量作为参数创建 Float 对象
```

在 Float 类内部包含了一些和 float 操作有关的方法，见表 4-3。

表 4-3 Float 类的常用方法

方法	返回值类型	功能
byteValue()	byte	以 byte 类型返回该 Float 类的值
doubleValue()	double	以 double 类型返回该 Float 类的值
floatValue()	float	以 float 类型返回该 Float 类的值
intValue()	int	以 int 类型返回该 Float 类的值（强制转换为 int 类型）
longValue()	long	以 long 类型返回该 Float 类的值（强制转换为 long 类型）
shortValue()	short	以 short 类型返回该 Float 类的值（强制转换为 short 类型）
isNaN()	boolean	如果此 Float 类的值是一个非数字值，则返回 true，否则返回 false
isNaN(float v)	boolean	如果指定的参数是一个非数字值，则返回 true，否则返回 false
toString()	String	返回一个表示该 Float 类的值的 String 对象
valueOf(String s)	Float	返回保存指定的 String 值的 Float 对象
parseFloat(String s)	float	将数字字符串转换为 float 类型数值

例如，将字符串 456.7 转换为 float 类型的数值，或者将 float 类型的数值 123.4 转换为对应的字符串，以下代码演示如何实现这两种功能。

```
String str = "456.7";
float num = Float.parseFloat(str);      //将字符串转换为 float 类型的数值
float f = 123.4f;
String s = Float.toString(f);           //将 float 类型的数值转换为字符串
```

注意：在实现将字符串转换为 float 类型数值的过程中，如果字符串中包含非数值类型的字符，则程序运行将出现异常。

2）Float 类的常用常量

在 Float 类中包含很多常量，其中较为常用的常量如下。

（1）MAX_VALUE：值为 1.4E38 的常量，它表示 float 类型能够表示的最大值。

（2）MIN_VALUE：值为 3.4E-45 的常量，它表示 float 类型能够表示的最小值。

（3）MAX_EXPONENT：有限 float 变量可能具有的最大指数。

（4）MIN_EXPONENT：标准化 float 变量可能具有的最小指数。

（5）MIN_NORMAL：保存 float 类型数值的最小标准值的常量，即 2^{-126}。

（6）NaN：保存 float 类型的非数字值的常量。

（7）SIZE：用来以二进制补码的形式表示 float 类型数值的比特位数。

（8）TYPE：表示基本数据类型 float 的 Class 实例。

下面的代码演示了 Float 类中常量的使用。

```
float max_value = Float.MAX_VALUE;       //获取 float 类型可取的最大值
float min_value = Float.MIN_VALUE;       //获取 float 类型可取的最小值
float min_normal = Float.MIN_NORMAL;     //获取 float 类型可取的最小标准值
float size = Float.SIZE;                 //获取 float 类型的二进制位
```

4. Double 类

Double 类在对象中包装了一个基本数据类型 double 的值。Double 类对象包含一个 double 类型的字段。此外，该类还提供了多个方法，可以将 double 类型与 String 类型相互转换，同时还提供了处理 double 类型时比较常用的常量和方法。

1）Double 类的构造方法

Double 类的构造方法有如下两个。

（1）Double(double value)：构造一个新分配的 Double 对象，它表示转换为 double 类型的参数。

（2）Double(String s)：构造一个新分配的 Double 对象，它表示 String 参数所指示的 double 值。

例如，以下代码分别使用以上两个构造方法获取 Double 对象。

```
Double double1 = new Double(5.456);      //以 double 类型的变量作为参数创建 Double 对象
Double double2 = new Double("5.456");    //以 String 类型的变量作为参数创建 Double 对象
```

2）Double 类的常用方法

（1）byteValue（）：以 byte 类型返回该 Double 类的值。

（2）doubleValue（）：以 double 类型返回该 Double 类的值。

（3）fioatValue（）：以 float 类型返回该 Double 类的值。

（4）intValue（）：以 int 类型返回该 Double 类的值（强制转换为 int 类型）。

（5）longValue（）：以 long 类型返回该 Double 类的值（强制转换为 long 类型）。

（6）shortValue（）：以 short 类型返回该 Double 类的值（强制转换为 short 类型）。

（7）isNaN（）：如果此 Double 类的值是一个非数字值，则返回 true，否则返回 false。

（8）isNaN（double v）：如果指定的参数是一个非数字值，则返回 true，否则返回 false。

（9）toString（）：返回一个表示该 Double 类的值的 String 对象。

（10）valueOf（String s）：返回保存指定的 String 值的 Double 对象。

（11）parseDouble（String s）：将数字字符串转换为 double 类型数值。

例如，将字符串 56.7809 转换为 double 类型的数值，或者将 double 类型的数值 56.7809 转换为对应的字符串，以下代码演示如何实现这两种功能。

```
String str = "56.7809";
double num = Double.parseDouble(str);      //将字符串转换为 double 类型的数值
double d = 56.7809;
String s = Double.toString(d);             //将 double 类型的数值转换为字符串
```

在将字符串转换为 double 类型的数值的过程中，如果字符串中包含非数值类型的字符，则程序运行将出现异常。

3）Double 类的常用常量

在 Double 类中包含很多常量，其中较为常用的常量如下。

（1）MAX_VALUE：值为 1.8E308 的常量，它表示 double 类型的最大正有限值的常量。

（2）MIN_VALUE：值为 4.9E-324 的常量，它表示 double 类型数据能够保持的最小正非零值的常量。

（3）NaN：保存 double 类型的非数字值的常量。

（4）NEGATIVE_INFINITY：保持 double 类型的负无穷大的常量。

（5）POSITIVE_INFINITY：保持 double 类型的正无穷大的常量。

（6）SIZE：用来以二进制补码的形式表示 double 类型数值的比特位数。

（7）TYPE：表示基本数据类型 double 的 Class 实例。

5．Number 类

Number 类是一个抽象类，也是一个超类（即父类）。Number 类属于 java.lang 包，所有的包装类（如 Double、Float、Byte、Short、Integer 以及 Long）都是抽象类 Number 的子类。

Number 类定义了一些抽象方法，以各种不同的数字格式返回对象的值。如 xxxValue（）方法，它将 Number 对象转换为 xxx 数据类型的值并返回，其中 doubleValue（）方法返回 double 类型的数值，floatValue（）方法返回 float 类型的数值。

抽象类不能直接实例化，而必须实例化其具体的子类。如下代码演示了 Number 类的使用。

```
Number num = new Double(12.5);
System.out.println("返回 double 类型的值:" + num.doubleValue());
System.out.println("返回 int 类型的值:" + num.intValue());
System.out.println("返回 float 类型的值:" + num.floatValue());
```

运行结果如下。

```
返回 double 类型的值:12.5
返回 int 类型的值:12
返回 float 类型的值:12.5
```

6. Character 类

Character 类是字符数据类型 char 的包装类。Character 类的对象包含类型为 char 的单个字段，这样能把基本数据类型当作对象处理。

Character 类的常用方法如下。

（1）void Character(char value)：构造一个新分配的 Character 对象，用以表示指定的 char 类型数值。

（2）char charValue()：返回此 Character 对象的值，此对象表示基本 char 类型数值。

（3）int compareTo(Character anotherCharacter)：根据数字比较两个 Character 对象。

（4）boolean equals(Character anotherCharacter)：将此对象与指定对象比较，当且仅当参数不是 null，而是一个与此对象包含相同 char 类型数值的 Character 对象时，结果才是 true。

（5）boolean isDigit(char ch)：确定指定字符是否为数字，如果通过 Character.getType(ch) 提供的字符的常规类别类型为 DECIMAL_DIGIT_NUMBER，则字符为数字。

（6）boolean isLetter(int codePoint)：确定指定字符（Unicode 代码点）是否为字母。

（7）boolean isLetterOrDigit(int codePoint)：确定指定字符（Unicode 代码点）是否为字母或数字。

（8）boolean isLowerCase(char ch)：确定指定字符是否为小写字母。

（9）boolean isUpperCase(char ch)：确定指定字符是否为大写字母。

（10）char toLowerCase(char ch)：使用来自 UnicodeData 文件的大小写映射信息将字符参数转换为小写。

（11）char toUpperCase(char ch)：使用来自 UnicodeData 文件的大小写映射信息将字符参数转换为大写。

可以从 char 类型数值创建一个 Character 对象。例如，下列语句为字符 S 创建了一个 Character 对象。

```
Character character = new Character('S');
```

CompareTo()方法将这个字符与其他字符比较，并且返回一个整型数组，这个值是两个字符比较后的标准代码差值。当且仅当两个字符相同时，equals( )方法的返回值才为 true，如下面的代码所示。

```
Character character = new Character('A');
int result1 = character.compareTo(new Character('V'));
System.out.println(result1); //输出:0
int result2 = character.compareTo(new Character('B'));
System.out.println(result2); //输出:-1
int result3 = character.compareTo(new Character('1'));
System.out.println(result3); //输出:-2
```

[案例 4.8] 在注册会员时，需要验证用户输入的用户名、密码、性别、年龄和邮箱地址等信息是否符合标准，如果符合标准方可进行注册。下面就使用 Character 类中的一些静态方法来完成这个程序，具体的实现步骤如下。

（1）创建 Register 类，在该类中创建 validateUser( )方法，对用户输入的用户名、密码和年龄进行验证，代码如下。

```
package task4;

public class Register {
    public static boolean validateUser(String name, String pwd, String age) {
        boolean conName = false; //用户名是否符合要求
        boolean conPwd = false; //密码是否符合要求
        boolean conAge = false; //年龄是否符合要求
        boolean con = false; //验证是否通过
        if (name.length() > 0) {
            for (int i = 0; i < name.length(); i ++) {
                //验证用户名是否全部为字母,不能含有空格
                if (Character.isLetter(name.charAt(i))) {
                    conName = true;
                } else {
                    conName = false;
                    //给出用户名错误提示
                    System.out.println("用户名只能由字母组成,且不能含有空格!");
                    break;
                }
            }
        } else {
            System.out.println("用户名不能为空!");
        }
        if (pwd.length() > 0) {
            for (int j = 0; j < pwd.length(); j ++) {
                //验证密码是否由数字和字母组成,不能含有空格
                if (Character.isLetterOrDigit(pwd.charAt(j))) {
                    conPwd = true;
                } else {
                    conPwd = false;
                    //给出密码错误提示
```

```java
                    System.out.println("密码只能由数字或字母组成!");
                    break;
                }
            }
        } else {
            System.out.println("密码不能为空!");
        }
        if (age.length() > 0) {
            for (int k = 0; k < age.length(); k ++) {
                //验证年龄是否由数字组成
                if (Character.isDigit(age.charAt(k))) {
                    conAge = true;
                } else {
                    conAge = false;
                    System.out.println("年龄输入有误!");
                    break;
                }
            }
        } else {
            System.out.println("年龄必须输入!");
        }
        if (conName && conPwd && conAge) {
            con = true;
        } else {
            con = false;
        }
        return con;
    }
}
```

在 validateUser( )方法中，使用 for 循环语句遍历用户输入的用户名、密码和年龄，对其每个字符进行验证，判断其是否符合要求。在验证的过程中，分别使用了 Character 类的 isLetter( )方法、isLetterOrDigit( )方法和 isDigit( )方法。

（2）编写测试类 Test04，调用 Register 类中的 validateUser( )方法，对用户输入的数据进行验证，并输出验证结果，代码如下。

```java
package task4;

import java.util.Scanner;

public class Test04 {
    public static void main(String[] args) {
        Scanner input = new Scanner(System.in);
        System.out.println("------------用户注册---------------");
        System.out.println("用户名:");
        String username = input.next();
        System.out.println("密码:");
```

```
            String pwd = input.next();
            System.out.println("年龄:");
            String age = input.next();
            boolean con = Register.validateUser(username, pwd, age);
            if (con) {
                System.out.println("注册成功!");
            } else {
                System.out.println("注册失败!");
            }
        }
    }
```

在 main( )方法中，通过调用 Register 类的 validateUser( )方法，获取一个 boolean 类型的变量，用于表明是否验证通过。当变量值为 true 时，表示验证通过，输出注册成功的提示信息；否则表示验证未通过，输出注册失败的提示信息。

当注册的用户名并非全部由字母组成时，提示"用户名只能由字母组成，且不能含有空格!"信息，运行结果如下。

```
-------------用户注册---------------
用户名:
tg_xiake
密码:
xiake
年龄:
123
用户名只能由字母组成,且不能含有空格!
注册失败!
```

当注册的年龄并非只由数字组成时，则提示"年龄输入有误!"，运行结果如下。

```
-------------用户注册---------------
用户名:
admin
密码:
admin
年龄:
123a
年龄输入有误!
注册失败!
```

当注册的密码并非只由数字或字母组成时，提示"密码只能由数字或字母组成!"，运行结果如下。

```
-------------用户注册---------------
用户名:
admin
```

```
密码:
admin!
年龄:
25
密码只能由数字或字母组成!
注册失败!
```

如果注册的用户名、密码和年龄都通过验证,则输出"注册成功!",运行结果如下。

```
--------------用户注册---------------
用户名:
admin
密码:
admin
年龄:
123
注册成功!
```

7. Boolean 类

Boolean 类将基本类型为 boolean 的数值包装在一个对象中。一个 Boolean 类的对象只包含一个类型为 boolean 的字段。此外,此类还为 boolean 和 String 的相互转换提供了很多方法,并提供了对处理 boolean 类型非常有用的其他常用方法。

8. System 类

System 类代表系统,系统级的很多属性和控制方法都放置在该类的内部。该类位于 java.lang 包中。由于该类的构造方法是 private 类型的,所以无法在外部创建该类的对象,也就是无法实例化该类。

System 类内部的成员变量和成员方法都是 static 类型的,所以可以方便地进行调用。

1) System 类的成员变量

System 类有 3 个静态成员变量,分别是 PrintStream out、InputStream in 和 PrintStream err。

(1) PrintStream out:标准输出流。此流已打开并准备接收输出数据。通常,此流对应显示器输出或者由主机环境或用户指定的另一个输出目标。

例如,编写一行输出数据的典型方式如下。

```
System.out.println(data);
```

其中,println( )方法是属于类 PrintStream 的方法,而不是 System 类中的方法。

(2) InputStream in:标准输入流。此流已打开并准备提供输入数据。通常,此流对应于键盘输入或者由主机环境或用户指定的另一个输入源。

(3) PrintStream err:标准的错误输出流。其语法格式与 System.out 类似,不需要提供参数就可以输出错误信息。它也可以用来输出用户指定的其他信息,包括变量的值。

[案例4.9] 编写一个程序,使用本节介绍的 System 类实现从键盘输入字符并显示出来。代码如下。

```java
package task4;

import java.io.IOException;

public class Test05 {
    public static void main(String[] args) {
        System.out.println("请输入字符,按回车键结束输入:");
        int c;
        try {
            c = System.in.read();  //读取输入的字符
            while (c != '\r') {  //判断输入的字符是不是回车
                System.out.print((char) c);  //输出字符
                c = System.in.read();
            }
        } catch (IOException e) {
            System.out.println(e.toString());
        } finally {
            System.err.println();
        }
    }
}
```

在以上代码中，"System.in.read()"语句读入一个字符，read()方法是 InputStream 类拥有的方法。变量 c 必须用 int 类型而不能用 char 类型，否则会因为丢失精度而导致编译失败。

在以上代码中，如果输入汉字将不能正常输出。如果要正常输出汉字，需要把 System.in 声明为 InputStreamReader 类型的实例，修改代码如下。

```java
package task4;

import java.io.IOException;
import java.io.InputStreamReader;

public class Test05 {
    public static void main(String[] args) {
        System.out.println("请输入字符,按回车键结束输入:");
        int c;
        try {
            InputStreamReader in = new InputStreamReader(System.in, "GB2312");
            c = in.read();
            while (c != '\r') {
                System.out.print((char) c);
                c = in.read();
            }
        } catch (IOException e) {
            System.out.println(e.toString());
        } finally {
```

```
            System.err.println();
        }
    }
}
```

如上述代码所示，语句"InputStreamReader in = new InputStreamReader (System. in," GB2312")"声明一个新对象 in，它从 Reader 类继承而来，此时就可以读入完整的 Unicode 码，显示正常的汉字。

2) System 类的成员方法

System 类提供了一些系统级的操作方法，常用的方法有 arraycopy( )、currentTimeMillis( )、exit( )、gc( ) 和 getProperty( )。

(1) arraycopy( ) 方法。

该方法的作用是复制数组，即从指定源数组中复制一个数组，复制从指定的位置开始，到目标数组的指定位置结束。该方法的具体定义如下。

```
public static void arraycopy(Object src, int srcPos, Object dest, int destPos, int length)
```

其中，src 表示源数组，srcPos 表示从源数组中复制的起始位置，dest 表示目标数组，destPos 表示要复制到的目标数组的起始位置，length 表示复制的个数。

[案例 4.10] 下面的示例代码演示了 arraycopy( ) 方法的使用。

```
package task4;

import java.io.IOException;
import java.io.InputStreamReader;

public class Test05 {
    public static void main(String[] args) {
        System.out.println("请输入字符,按回车键结束输入:");
        int c;
        try {
            /*
             * c = System.in.read(); //读取输入的字符 while (c ! = '\r') { //判断输入的字符是不是回车
             * System.out.print((char) c); //输出字符 c = System.in.read(); }
             */
            InputStreamReader in = new InputStreamReader(System.in, "GB2312");
            c = in.read();
            while (c ! = '\r') {
                System.out.print((char) c);
                c = in.read();
            }
        } catch (IOException e) {
```

```
            System.out.println(e.toString());
        } finally {
            System.err.println();
        }
    }
}
```

在上述代码中,将数组 srcArray 从下标 1 开始的数据复制到数组 destArray 从下标 1 开始的位置,总共复制 2 个。也就是将 srcArray[1]复制给 destArray[1],将 srcArray[2]复制给 destArray[2]。这样经过复制之后,数组 srcArray 中的元素不发生变化,而数组 destArray 中的元素将变为 E、B、C、H。运行结果如下。

```
源数组:
A
B
C
D
目标数组:
E
B
C
H
```

(2) currentTimeMillis()方法。

该方法的作用是返回当前的计算机时间,时间的格式为当前计算机时间与 GMT 时间(格林尼治时间)1970 年 1 月 1 日 0 时 0 分 0 秒所差的毫秒数,例如:

```
long m = System.currentTimeMillis();
```

上述语句将获得一个长整型的数字,该数字就是以差值表达的当前时间。

[案例 4.11] 使用 currentTimeMillis()方法来显示时间不够直观,但是可以很方便地进行时间计算。例如,计算程序运行需要的时间就可以使用如下代码。

```java
package task4;

public class System_currentTimeMillis {
    public static void main(String[] args) {
        long start = System.currentTimeMillis();
        for (int i = 0; i < 100000000; i ++) {
            int temp = 0;
        }
        long end = System.currentTimeMillis();
        long time = end - start;
        System.out.println("程序执行时间" + time + "秒");
    }
}
```

上述代码中的变量 time 的值表示代码中 for 循环执行所需要的毫秒数，使用这种方法可以测试使用不同算法的程序的执行效率，也可以用于后期线程控制的精确延时。

（3）exit( )方法。

该方法的作用是终止当前正在运行的 Java 虚拟机，具体的定义格式如下。

```
public static void exit( int status)
```

其中，status 的值为 0 时表示正常退出，值不为 0 时表示异常退出。使用该方法可以在图形界面编程中实现程序的退出功能等。

（4）gc( )方法。

该方法的作用是请求系统进行垃圾回收。至于系统是否立刻回收垃圾，取决于系统中垃圾回收算法的实现以及系统执行时的情况。其具体的定义格式如下。

```
public static void gc( )
```

（5）getProperty( )方法。

该方法的作用是获得系统中属性名为 key 的属性所对应的值，具体的定义格式如下。

```
public static String getProperty(String key)
```

任务五　拓展训练

建立一个人类（Person）和学生类（Student），要求如下。

（1）Person 类中包含 3 个私有的成员变量 name、gender、age，分别为字符串型、字符型和整型，表示姓名、性别、年龄。创建对应的 get( )和 set( )方法，创建无参构造方法、带一个参数的构造方法、带两个参数的构造方法、带三个参数的构造方法。对成员变量进行初始化，创建一个输出方法用于输出 3 个属性。

（2）Student 类继承自 Person 类，并增加私有的成员变量 id、profession。创建对应的 get( )和 set( )方法、一个无参构造方法、一个带有两个参数的构造方法和一个带有 6 个参数的构造方法，重写输出方法用于输出 5 个属性。

项目五

学生信息异常处理

【知识目标】

（1）掌握 Java 语言的异常处理机制。
（2）掌握使用 try…catch…finally 语句处理异常。
（3）理解自定义异常的概念和使用方法。
（4）掌握运用 throw 语句抛出异常的方法。
（5）掌握运用 throws 语句声明异常的方法。

【能力目标】

（1）能够使用 try…catch…finally 语句处理异常。
（2）能够自定义并处理异常。
（3）能够运用 throw 语句抛出异常。
（4）能够运用 throws 语句声明异常。

在程序设计和运行的过程中，发生错误是不可避免的。尽管 Java 语言的设计从根本上提供了便于写出整洁、安全代码的方法，并且程序员也尽量地减少错误的产生，但是使程序被迫停止的错误仍然不可避免。为此，Java 语言提供了异常处理机制来帮助程序员检查可能出现的错误，以保证程序的可读性和可维护性。

任务一　判断错误类型及异常类型

【知识准备】

Java 语言中的异常（Exception）又称为例外，是一个在程序执行期间发生的事件，它中断正在执行的程序的正常指令流。为了能够及时有效地处理程序中的运行错误，必须使用异常类。

一、异常简介

在程序中，错误可能产生于程序员没有预料到的各种情况，或者超出程序员可控范围的环境，例如用户的坏数据、试图打开一个不存在的文件等。为了能够及时有效地处理程序中的运行错误，Java 语言专门引入了异常类。

为了更好地理解什么是异常,下面来看一段非常简单的 Java 程序。下面的示例代码允许用户输入 1~3 以内的整数,其他情况提示输入错误。

```java
package task1;

import java.util.Scanner;

public class Test01 {
    public static void main(String[] args) {
        System.out.println("请输入您的选择:(1~3 之间的整数)");
        Scanner input = new Scanner(System.in);
        int num = input.nextInt();
        switch (num) {
        case 1:
            System.out.println("one");
            break;
        case 2:
            System.out.println("two");
            break;
        case 3:
            System.out.println("three");
            break;
        default:
            System.out.println("error");
            break;
        }
    }
}
```

在正常情况下,用户会按照系统的提示输入 1~3 以内的整数。但是,如果用户没有按要求进行输入,例如输入了一个字母"a",则程序在运行时将会发生异常,运行结果如下。

```
请输入您的选择:(1~3 之间的整数)
a
Exception in thread "main" java.util.InputMismatchException
at java.util.Scanner.throwFor(Unknown Source)
at java.util.Scanner.next(Unknown Source)
at java.util.Scanner.nextInt(Unknown Source)
at java.util.Scanner.nextInt(Unknown Source)
at text.text.main(text.java:11)
```

二、异常产生的原因及使用原则

在 Java 语言中,产生异常的原因主要有如下三种。

(1) Java 内部错误,即 Java 虚拟机产生的异常。

(2) 程序代码中的错误所产生的异常,例如空指针异常、数组越界异常等。这种异常称为不检查异常(Unchecked Exception),一般需要在某些类中集中处理。

（3）通过 throw 语句手动生成的异常，这种异常称为检查异常（Unchecked Exception），一般用来告知该方法的调用者一些必要的信息。

Java 语言通过面向对象的方法来处理异常。在一个方法的运行过程中，如果发生了异常，则这个方法会产生代表该异常的一个对象，并把它交给运行时系统，运行时系统寻找相应的代码来处理这一异常。

把生成异常对象，并把它提交给运行时系统的过程称为抛出（throw）异常。运行时系统在方法的调用栈中查找，直到找到能够处理该类型异常的对象，这一个过程称为捕获（catch）异常。

Java 异常强制用户考虑程序的强健性和安全性。异常处理不应用来控制程序的正常流程，其主要作用是捕获程序在运行时发生的异常并进行相应处理。编写代码处理某个方法可能出现的异常，可遵循如下三个原则。

（1）在当前方法声明中使用 try…catch 语句捕获异常。

（2）一个方法被覆盖时，覆盖它的方法必须抛出相同的异常或异常的子类。

（3）如果父类抛出多个异常，则覆盖方法必须抛出那些异常的一个子集，而不能抛出新异常。

三、异常的类型

在 Java 语言中，所有异常都是内置类 java.lang.Throwable 类的子类，即 Throwable 位于异常类层次结构的顶层。Throwable 类下有两个异常分支 Exception 和 Error，如图 5-1 所示。

图 5-1 异常的类型

由图 5-1 可以知道，Throwable 类是所有异常和错误的超类，下面有 Error 和 Exception 两个子类分别表示错误和异常。其中异常类 Exception 又分为运行时异常和非运行时异常，这两种异常有很大的区别，也称为不检查异常和检查异常。

Exception 类用于用户程序可能出现的异常情况，它也是用来创建自定义异常类型类的类。

Error 类定义了在通常环境下不希望被程序捕获的异常。Error 类型的异常用于 Java 运行时由系统显示与运行时系统本身有关的错误。堆栈溢出是这种错误的一例。

运行时异常都是 RuntimeException 类及其子类异常，如 NullPointerException、IndexOutOfBoundsException 等，这些异常是不检查异常，在程序中可以选择捕获处理，也可以不处理。这些异常一般由程序逻辑错误引起，应该从逻辑角度尽可能避免这类异常的发生。

非运行时异常是指 RuntimeException 以外的异常，它们在类型上都属于 Exception 类及其子类。从程序语法的角度讲是必须进行处理的异常，如果不处理，程序就不能编译通过，如 IOException、ClassNotFoundException 等以及用户自定义的 Exception 异常，一般情况下不自定义检查异常。表 5-1 所示为 Java 语言中常见的异常类型。

表 5-1 Java 语言中常见的异常类型

异常类型	说明
Exception	异常层次结构的根类
RuntimeException	运行时异常，多数 java.lang 异常的根类
ArithmeticException	算术错误异常，如以零做除数
ArrayIndexOutOfBoundException	数组大小小于或大于实际的数组大小
NullPointerException	尝试访问 null 对象成员，空指针异常
ClassNotFoundException	不能加载所需的类
NumberFormatException	数字转化格式异常，比如字符串到 float 类型数值的转换无效
IOException	I/O 异常的根类
FileNotFoundException	找不到文件
EOFException	文件结束
InterruptedException	线程中断
IllegalArgumentException	方法接收到非法参数
ClassCastException	类型转换异常
SQLException	操作数据库异常

任务二 异常处理

【知识准备】

Java 语言的异常处理通过 5 个关键字来实现：try、catch、throw、throws 和 finally。try…catch 语句用于捕获并处理异常，finally 语句用于在任何情况下（除特殊情况外）都必须执行的代码，throw 语句用于抛出异常，throws 语句用于声明可能出现的异常。

本任务主要介绍异常处理的机制及基本的语句结构。

Java 语言的异常处理机制提供了一种结构性和控制性的方式来处理程序运行期间发生的事件。

异常处理机制

（1）在方法中用 try…catch 语句捕获并处理异常，catch 语句可以有多个，用来匹配多个异常。

（2）对于处理不了的异常或者要转型的异常，在方法的声明处通过 throws 语句抛出异常，即由上层的调用方法来处理。

以下代码是异常处理程序的基本结构。

```
try
{
    逻辑程序块
}
catch(ExceptionType1 e)
{
    处理代码块1
}
catch (ExceptionType2 e)
{
    处理代码块2
    throw(e);      //再抛出这个"异常"
}
finally
{
    释放资源代码块
}
```

在以上代码中，把可能引发异常的语句封装在 try 语句块中，用以捕获可能发生的异常。

如果 try 语句块中发生异常，那么一个相应的异常对象就会被抛出，然后 catch 语句就会依据所抛出异常对象的类型进行捕获并处理。处理之后，程序会跳过 try 语句块中剩余的语句，转到 catch 语句块后面的第一条语句开始执行。

如果 try 语句块中没有异常发生，那么 try 语句块正常结束，后面的 catch 语句块被跳过，程序将从 catch 语句块后的第一条语句开始执行。

在以上代码的处理代码块 1 中，可以使用以下 3 种方法输出相应的异常信息。

（1）printStackTrace()方法：指出异常的类型、性质、栈层次及出现在程序中的位置。

（2）getMessage()方法：输出错误的性质。

（3）toString()方法：给出异常的类型与性质。

注意：catch 语句的参数类似于方法的声明，包括一个异常类型和一个异常对象。异常类型必须为 Throwable 类的子类，它指明 catch 语句可以处理的异常类型。异常对象则由运行时系统在 try 语句块中生成并捕获。

【任务实训】

[案例 5.1] 编写一个录入学生的姓名、年龄和性别的程序，要求能捕捉年龄不为数字

时的异常。在这里使用 try…catch 语句来实现，具体代码如下。

```java
package task2;

import java.util.Scanner;

public class Test02 {
    public static void main(String[] args) {
        Scanner scanner = new Scanner(System.in);
        System.out.println("---------学生信息录入---------------");
        String name = "";  //获取学生姓名
        int age = 0;       //获取学生年龄
        String sex = "";   //获取学生性别
        try {
            System.out.println("请输入学生姓名:");
            name = scanner.next();
            System.out.println("请输入学生年龄:");
            age = scanner.nextInt();
            System.out.println("请输入学生性别:");
            sex = scanner.next();
        } catch (Exception e) {
            e.printStackTrace();
            System.out.println("输入有误!");
        }
        System.out.println("姓名:" + name);
        System.out.println("年龄:" + age);
    }
}
```

上述代码在 main() 方法中使用 try…catch 语句来捕获异常，将可能发生异常的 "age = scanner.nextInt();" 代码放在 try 语句块中，在 catch 语句中指定捕获的异常类型为 Exception，并调用异常对象的 printStackTrace() 方法输出异常信息。运行结果如下。

```
---------学生信息录入---------------
请输入学生姓名:
张三
请输入学生年龄:
100b
java.util.InputMismatchException
    at java.util.Scanner.throwFor(Unknown Source)
    at java.util.Scanner.next(Unknown Source)
    at java.util.Scanner.nextInt(Unknown Source)
    at java.util.Scanner.nextInt(Unknown Source)
输入有误!
姓名:张三
年龄:0
    at text.text.main(text.java:19)
```

提示： 一个 catch 语句也可以捕捉多个异常类型，这时它的异常类型参数应该是多个异常类型的父类。在程序设计中要根据具体的情况选择 catch 语句的异常处理类型。

[案例 5.2] 编写一个程序，根据用户输入的总人数和总成绩计算平均成绩。要求程序能够处理总人数或者总成绩不是数字时的情况。代码如下。

```java
package task2;

import java.util.InputMismatchException;
import java.util.Scanner;

public class Test03 {
    public static void main(String[] args) {
        Scanner input = new Scanner(System.in);
        try {
            System.out.println("请输入班级总人数:");
            int count = input.nextInt();
            System.out.println("请输入总成绩:");
            int score = input.nextInt();
            int avg = score / count; //获取平均分
            System.out.println("本次考试的平均分为:" + avg);
        } catch (InputMismatchException e1) {
            System.out.println("输入数值有误!");
        } catch (ArithmeticException e2) {
            System.out.println("输入的总人数不能为0!");
        } catch (Exception e3) {
            e3.printStackTrace();
            System.out.println("发生错误!" + e3.getMessage());
        }
    }
}
```

如上述代码所示，在 main() 方法中使用了多重 catch 语句来捕获各种可能发生的异常，包括 InputMismatchException 异常、ArithmeticException 异常以及其他类型的异常。

当用户输入的总人数或者总成绩不为数值类型时，程序将抛出 InputMismatchException 异常，从而执行 "System. out. println("输入数值有误!")" 语句。运行结果如下。

```
请输入班级总人数:
50
请输入总成绩:
1250a
输入数值有误!
请输入班级总人数:
50a
输入数值有误!
```

若输入的总人数为 0，计算平均成绩时会出现被除数为 0 的情况，此时会抛出 ArithmeticException 异常，从而执行 "System. out. Println("输入的总人数不能为0!")" 语句。运行结果如下。

```
请输入班级总人数：
0
请输入总成绩：
100
输入的总人数不能为0！
```

当输入的总人数和总成绩均为正常数值类型时的运行结果如下。

```
请输入班级总人数：
50
请输入总成绩：
1250
本次考试的平均分为:25
```

任务三　自定义异常

【知识准备】

如果 Java 语言提供的内置异常类型不能满足程序设计的需求，可以自定义异常。

自定义异常的格式

自定义异常类必须继承自现有的 Exception 类或 Exception 的子类来创建，其语法格式如下。

```
<class> <自定义异常名> <extends> <Exception>
```

在编码规范上，一般将自定义异常类的类名命名为 XXXException，其中 XXX 用来代表该异常的作用。

自定义异常类一般包含两个构造方法：一个是无参的默认构造方法；另一个构造方法以字符串的形式接收一个定制的异常消息，并将该消息传递给超类的构造方法。

例如，以下代码创建了一个名称为 IntegerRangeException 的自定义异常类。

```java
package task3;

class IntegerRangeException extends Exception {
    public IntegerRangeException() {
        super();
    }

    public IntegerRangeException(String s) {
        super(s);
    }
}
```

以上代码创建的自定义异常类 IntegerRangeException 类继承自 Exception 类，在该类中包含两个构造方法。

【任务实训】

编写一个程序，对会员注册时的年龄进行验证，即检测年龄是否为 0～100 岁。
（1）创建了一个异常类 MyException，并提供两个构造方法。代码如下。

```
package task3;

public class MyException extends Exception {
    public MyException() {
        super();
    }

    public MyException(String str) {
        super(str);
    }
}
```

（2）创建测试类，调用自定义异常类。代码如下。

```
package task3;

import java.util.InputMismatchException;
import java.util.Scanner;

public class Test04 {
    public static void main(String[] args) {
        int age;
        Scanner input = new Scanner(System.in);
        System.out.println("请输入您的年龄:");
        try {
            age = input.nextInt(); //获取年龄
            if (age < 0) {
                throw new MyException("您输入的年龄为负数！输入有误！");
            } else if (age > 100) {
                throw new MyException("您输入的年龄大于100！输入有误！");
            } else {
                System.out.println("您的年龄为:" + age);
            }
        } catch (InputMismatchException e1) {
            System.out.println("输入的年龄不是数字！");
        } catch (MyException e2) {
            System.out.println(e2.getMessage());
        }
    }
}
```

（3）运行该程序，当用户输入的年龄为负数时，则抛出 MyException 自定义异常，执行第二个 catch 语句块中的代码，打印出异常信息。运行结果如下。

请输入您的年龄：
-2
您输入的年龄为负数！输入有误！

当用户输入的年龄大于 100 岁时，也会抛出 MyException 自定义异常，同样会执行第二个 catch 语句块中的代码，打印出异常信息。运行结果如下。

请输入您的年龄：
110
您输入的年龄大于 100！输入有误！

在该程序的 main() 方法中，使用了 if…else 语句判断用户输入的年龄是否为负数和大于 100 的数，如果是，则抛出自定义异常 MyException，调用自定义异常类 MyException，其中含有一个 String 类型的构造方法。在 catch 语句块中捕获该异常，并调用 getMessage() 方法输出异常信息。

提示：因为自定义异常类继承自 Exception 类，所示自定义异常类中包含父类的所有属性和方法。

任务四　拓展训练

编写一个程序实现下列功能：假设在某仓库管理系统的登录界面中需要输入用户名和密码，其中用户名只能由 6~10 位数字组成，密码只能有 6 位，任何不符合用户名或者密码要求的情况都被视为异常，并且需要捕获并处理该异常。

下面使用自定义异常类来完成对用户登录信息的验证功能，实现步骤如下。

(1) 编写自定义异常类 LoginException，该类继承自 Exception 类。在 LoginException 类中包含两个构造方法，分别为无参的构造方法和含有一个参数的构造方法。代码如下。

```
package task4;

public class LoginException extends Exception {
    public LoginException() {
        super();
    }

    public LoginException(String msg) {
        super(msg);
    }
}
```

(2) 创建测试类 Test05，在该类中定义 validateLogin() 方法，用于对用户名和密码进行验证。当用户名或者密码不符合要求时，使用自定义异常类 LoginException 输出相应的异常信息。validateLogin( )方法的定义如下。

```java
public boolean validateLogin(String username, String pwd) {
    boolean con = false; //用户名和密码是否正确
    boolean conUname = false; //用户名格式是否正确
    try {
        if (username.length() >= 6 && username.length() <= 10) {
            for (int i = 0; i < username.length(); i ++) {
                char ch = username.charAt(i); //获取每一个字符
                if (ch > '0' && ch <= '9') { //判断字符是否为 0~9 的数字
                    conUname = true; //设置 conUname 变量值为 true
                } else { //如果字符不是 0~9 的数字,则抛出 LoginException 异常
                    conUname = false;
                    throw new LoginException("用户名中包含有非数字的字符!");
                }
            }
        } else { //如果用户名长度不在 6~10 位之间,抛出异常
            throw new LoginException("用户名长度必须在 6~10 位之间!");
        }
        if (conUname) { //如果用户名格式正确,判断密码长度
            if (pwd.length() == 6) { //如果密码长度等于 6
                con = true; //设置 con 变量的值为 true,表示登录信息符合要求
            } else { //如果密码长度不等于 6,抛出异常
                con = false;
                throw new LoginException("密码长度必须为 6 位!");
            }
        }
    } catch (LoginException e) { //捕获 LoginException 异常
        System.out.println(e.getMessage());
    }
    return con;
}
```

（3）在 Test08 类中添加 main( )方法，调用 validateLogin( )方法，如果该方法返回 true，则输出登录成功的信息。main( )方法的定义如下。

```java
public static void main(String[] args) {
    Scanner input = new Scanner(System.in);
    System.out.println("用户名:");
    String username = input.next();
    System.out.println("密码:");
    String password = input.next();
    Test05 lt = new Test05();
    boolean con = lt.validateLogin(username, password); //调用 validateLogin0 方法
    if (con) {
        System.out.println("登录成功!");
    }
}
```

在本程序的 validateLogin( )方法中使用条件控制语句和 for 循环语句分别对用户名和密

码进行了验证。对于任何不符合用户名或者密码要求的情况都抛出自定义异常 LoginException，并在 catch 语句块中捕获该异常，输出异常信息。

运行程序，当用户输入的用户名含有非数字字符时将抛出 LoginException 异常，执行 catch 语句块中的代码，打印异常信息。运行结果如下。

```
用户名：
xiake8!
密码：
123456
用户名中包含有非数字的字符！
```

当用户输入的用户名长度不为 6~10 位时同样会抛出 LoginException 异常并打印异常信息。运行结果如下。

```
用户名：
administrator
密码：
123456
用户名长度必须在 6~10 位之间！
```

当用户输入的登录密码不为 6 位时也会抛出 LogWException 异常并打印异常信息。运行结果如下。

```
用户名：
20181024
密码：
12345
密码长度必须为 6 位！
```

当用户输入的用户名和密码都符合要求时，则打印登录成功的信息。运行结果如下。

```
用户名：
20181024
密码：
123456
登录成功！
```

项目六

学生信息管理系统界面设计

【知识目标】

(1) 了解 GUI 开发的相关原理。
(2) 了解 GUI 布局管理器。
(3) 掌握 GUI 中的事件处理。
(4) 熟悉 Swing 常用组件的使用。
(5) 理解 AWT 的概念和主要方法。
(6) 掌握按钮事件处理步骤和接口中的方法。
(7) 掌握常用 Swing 组件的分类和创建过程。
(8) 掌握菜单及对话框的创建和事件响应方法。

【能力目标】

(1) 能够使用基本 Swing 组件构造 GUI 界面。
(2) 能够使用布局管理器。
(3) 能够使用流布局、边界布局、网格布局。
(4) 能够使用定义布局改善用户界面。
(5) 能够使用按钮的 ActionEvent 处理动作事件。
(6) 能够使用 JComBox、JCheckBox、JRadioButton、JList 控件构造复杂的用户界面。
(7) 能够创建下拉菜单、弹出式菜单。

图形用户界面（Graphical User Interface，GUI），指的是在一个程序中用户可以看到的和与之交互的部分。JavaAPI 中提供两套组件用于支持编写 GUI：AWT 和 Swing。AWT 是 Abstract Window ToolKit（抽象窗口工具包）的缩写，这个工具包提供了一套与本地 GUI 进行交互的接口。AWT 中的图形方法与操作系统所提供的图形方法之间有着一一对应的关系，人们把它称为 peers。也就是说，当利用 AWT 来构建 GUI 的时候，实际上是在利用操作系统所提供的图形库。不同操作系统的图形库所提供的功能是不一样的，在一个平台上存在的功能在另外一个平台上可能不存在。为了实现 Java 语言所宣称的"一次编译，到处运行"的概念，AWT 不得不通过牺牲功能来实现其平台无关性，也就是说，AWT 所提供的图形功能是各种通用型操作系统所提供的图形功能的交集。由于 AWT 是依靠本地方法来实现其功能的，所以通常把 AWT 控件称为重量级控件。

Swing 是在 AWT 的基础上构建的一套新的 GUI 系统，它提供了 AWT 所能够提供的所有功能，并且用纯粹的 Java 代码对 AWT 的功能进行了大幅度的扩充。例如并不是所有的操作系统都提供了对树形控件的支持，而 Swing 利用 AWT 所提供的基本作图方法对树形控件进行模拟。由于 Swing 控件是用 100% 的 Java 代码来实现的，所以在一个平台上设计的树形控件可以在其他平台上使用。由于在 Swing 中没有使用本地方法来实现图形功能，所以通常把 Swing 控件称为轻量级控件。

图 6-1 所示为 AWT 和 Swing 的关系，可以看出 Swing 是继承自 AWT 的。

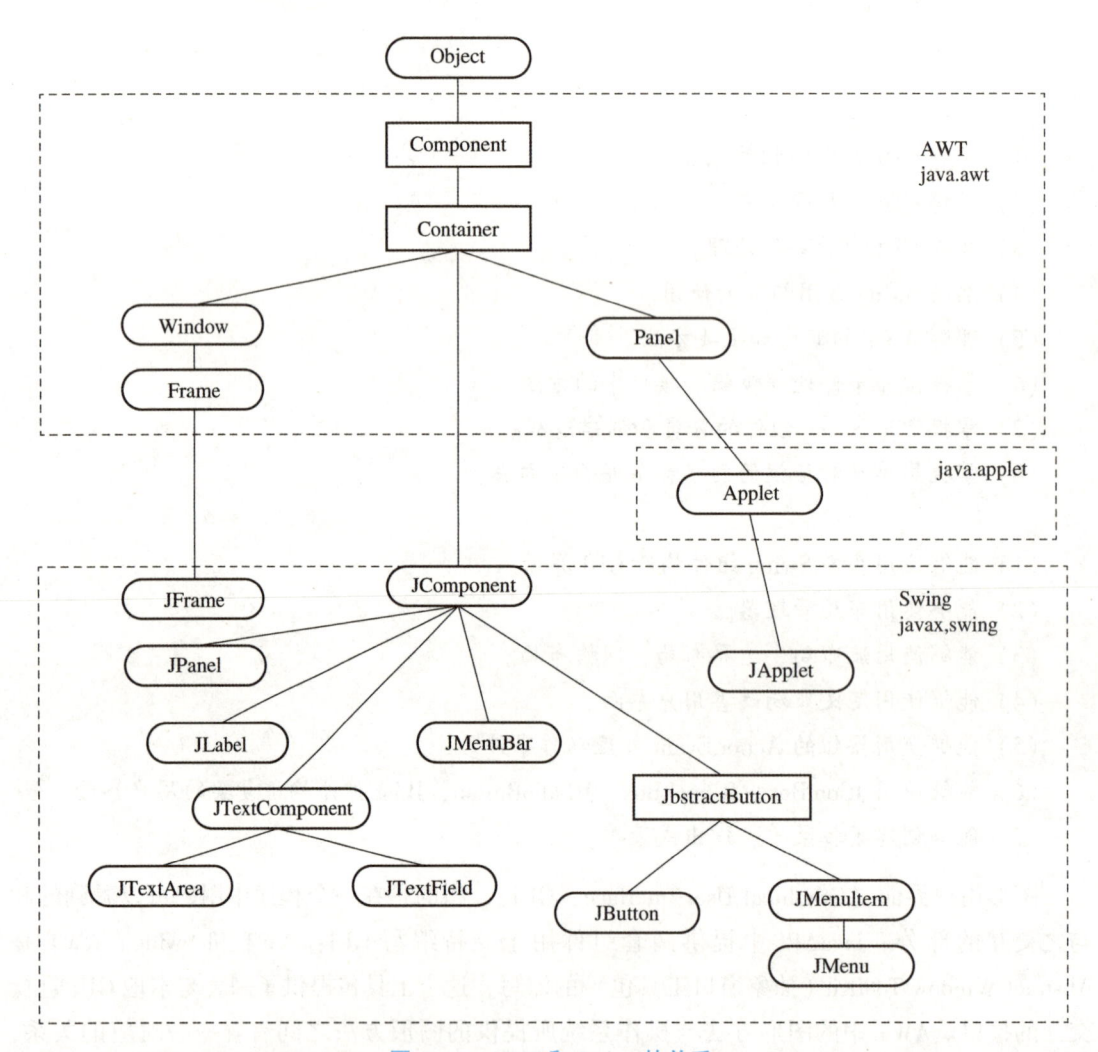

图 6-1　AWT 和 Swing 的关系

一般使用图形化界面程序的过程是：打开一个程序，出现一个窗口或对话框，其中一般有菜单、工具栏、文本框、按钮、单选框、复选框等控件（组件也就是控件），用户录入相关数据，单击相关菜单、按钮，程序对数据进行相关处理，并将处理后的数据显示或者保存起来，最后关闭程序。

任务一 常用组件的创建

【知识准备】

一、顶层容器的创建与使用

在 Java 语言中顶层容器有 3 种，分别是 JFrame（框架窗口，即通常的窗口）、JDialog（对话框）、JApplet（用于设计嵌入网页的 Java 小程序）。顶层容器是容纳其他组件的基础，即设计图形化程序必须要有顶层容器。JFrame 用来设计类似于 Windows 系统中窗口形式的界面。JFrame 是 Swing 组件的顶层容器，该类继承自 AWT 的 Frame 类，支持 Swing 体系结构的高级 GUI 属性。

（1）JFrame 类的常用构造方法如下。

①JFrame()：构造一个初始时不可见的新窗体。

②JFrame(String title)：创建一个具有 title 指定标题的不可见新窗体。

当创建一个 JFrame 类的实例化对象后，其他组件并不能够直接放到容器上面，需要将组件添加至内容窗格，而不是直接添加至 JFrame 对象。示例代码如下。

```
frame.getContentPane().add(b);
```

（2）JFrame 类中的常用方法如下。

①getContentPane()：返回此窗体的 contentPane 对象。

②getDefaultCloseOperation()：返回用户在此窗体上单击"关闭"按钮时执行的操作。

③setContentPane(Container contentPane)：设置 contentPane 属性。

④setDefaultCloseOperation(int operation)：设置用户在此窗体上单击"关闭"按钮时默认执行的操作。

⑤setDefaultLookAndFeelDecorated（boolean；defaultLookAndFeelDecorated）：设置 JFrame 窗口使用的 Windows 外观（如边框、关闭窗口的小部件、标题等）。

⑥setIconImage(Image image)：设置作为此窗口图标显示的图像。

⑦setJMenuBar(JMenuBar menubar)：设置此窗体的菜单栏。

⑧setLayout(LayoutManager manager)：设置 LayoutManager 属性。

（3）案例分析：使用 JFrame 类的对象创建一个窗口。

代码如下。

```
package task1;

import javax.swing.*;   //使用 Swing 类,必须引入 Swing 包

public class JFrameExample1 {
    public static void main(String args[]) {
        //定义一个窗体对象 f,窗体名称为"一个简单窗口"
```

```
            JFrame f = new JFrame("一个简单窗口");
            //设置窗体左上角与显示屏左上角的坐标,
            //离显示屏上边缘280像素,离显示屏左边缘280像素 */
            f.setLocation(280,280);
            //本语句实现窗口居屏幕中央
            f.setLocationRelativeTo(null);
            //设置窗体的大小为320像素*260像素大小
            f.setSize(320,260);
            //设置窗体是否可以调整大小,参数为布尔值
            f.setResizable(false);
            //设置窗体可见,没有该语句,窗体将不可见,此语句必须有,
            //否则没有界面就没有如何意义了
            f.setVisible(true);
            //用户单击窗口的关闭按钮时程序执行的操作
            f.setDefaultCloseOperation(f.EXIT_ON_CLOSE);
        }
    }
```

运行结果如图6-2所示。

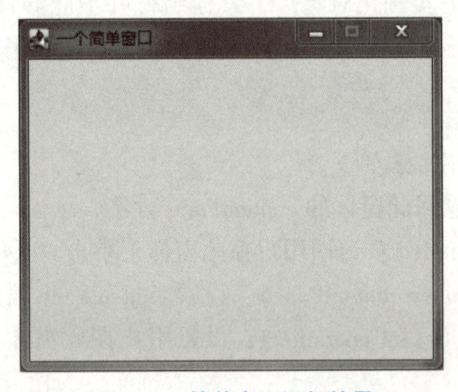

图6-2 简单窗口运行结果

二、面板（JPanel）的创建与使用

JPanel 是一种中间层容器，它能容纳组件并将组件组合在一起，但它本身必须被添加到其他容器中使用。

（1）JPanel 类的构造方法如下。

①JPanel()：使用默认的布局管理器创建新面板，默认的布局管理器为 FlowLayout。

②JPanel(LayoutManagerLayout layout)：创建指定布局管理器的 JPanel 对象。

（2）JPanel 类的常用方法如下。

①Component add(Component comp)：将指定的组件追加到此容器的尾部。

②void remove(Component comp)：从容器中移除指定的组件。

③void setFont(Font f)：设置容器的字体。

④void setLayout(LayoutManager mgr)：设置容器的布局管理器。

⑤void setBackground(Color c)：设置组件的背景色。

（3）案例分析。

代码如下。

```java
package task1;

import java.awt.Container;
import java.awt.GridLayout;

import javax.swing.JButton;
import javax.swing.JFrame;
import javax.swing.JPanel;
import javax.swing.WindowConstants;

public class JPanelTest extends JFrame {
    public JPanelTest() {
        Container container = getContentPane();
        //将整个容器设置为 2 行 1 列的网格布局
        container.setLayout(new GridLayout(2, 1, 10, 10));
        //初始化一个面板,设置 1 行 3 列的网格布局
        JPanel p1 = new JPanel(new GridLayout(1, 3, 10, 10));
        JPanel p2 = new JPanel(new GridLayout(1, 2, 10, 10));
        JPanel p3 = new JPanel(new GridLayout(1, 2, 10, 10));
        JPanel p4 = new JPanel(new GridLayout(2, 1, 10, 10));
        //在面板中添加按钮
        p1.add(new JButton("1"));
        p1.add(new JButton("1"));
        p1.add(new JButton("2"));
        p1.add(new JButton("3"));
        p2.add(new JButton("4"));
        p2.add(new JButton("5"));
        p3.add(new JButton("6"));
        p3.add(new JButton("7"));
        p4.add(new JButton("8"));
        p4.add(new JButton("9"));
        //在容器中添加面板
        container.add(p1);
        container.add(p2);
        container.add(p3);
        container.add(p4);
        setTitle("在这个窗体中使用了面板");
        setVisible(true);
        setSize(420, 200);
        setDefaultCloseOperation(WindowConstants.DISPOSE_ON_CLOSE);
    }

    public static void main(String[] args) {
        new JPanelTest();
    }
}
```

运行结果如图 6-3 所示。

图 6-3　面板运行结果

三、JScrollPane 面板的创建与使用

在设置界面时，可能遇到在一个较小的容器窗体中显示一个较大部分的内容的情况，这时可以使用 JScrollPane 面板。JScrollPane 面板是带滚动条的 mianb，它也是一种容器，但是 JScrollPane 面板中只能放置一个组件，并且不可以使用布局管理器。如果需要在 JScrollPane 面板中放置多个组件，则需要将多个组件放置在 JPanel 面板上，然后将 JPanel 面板作为一个整体组件添加到 JScrollPane 组件上。

案例分析：在项目中创建 JScrollPaneTest 类，该类继承自 JFrame 类，称为窗体组件，在该类中创建 JScrollPane 面板组件，该滚动面板组件包含了 JTextArea 文本域组件。代码如下。

```java
package task1;

import java.awt.Container;

import javax.swing.JFrame;
import javax.swing.JScrollPane;
import javax.swing.JTextArea;
import javax.swing.WindowConstants;

public class JScrollPaneTest extends JFrame {
    public JScrollPaneTest() {
        Container container = getContentPane(); //创建容器
        JTextArea tArea = new JTextArea(20,50); //创建文本区域组件
        JScrollPane jPane = new JScrollPane(tArea); //创建 JScrollPane 面板对象
        container.add(jPane); //将该面板添加到该容器中
        setTitle("带滚动条的文字编译器");
        setSize(300,200);
        setVisible(true);
        setDefaultCloseOperation(WindowConstants.DISPOSE_ON_CLOSE);
    }

    public static void main(String[] args) {
        new JScrollPaneTest();
    }
}
```

运行结果如图 6-4 所示。

图 6-4 带滚动条的文字编辑器

四、按钮的创建与使用

按钮是 GUI 上常见的元素，在前面已经多次使用过它。在 Swing 中按钮是 JButton 类的对象。

1. JButton 类的常用构造方法

（1）JButton()：创建一个无标签文本、无图标的按钮。

（2）JButton(Icon icon)：创建一个无标签文本、有图标的按钮。

（3）JButton(String text)：创建一个有标签文本、无图标的按钮。

（4）JButton(String text,Icon icon)：创建一个有标签文本、有图标的按钮。

2. JButton 类常用的方法

（1）addActionListener(ActionListener listener)：为按钮组件注册 ActionListener 监听。

（2）void setIcon(Icon icon)：设置按钮的默认图标。

（3）void setText(String text)：设置按钮的文本。

（4）void setMargin(Insets m)：设置按钮边框和标签之间的空白。

（5）void setMnemonic(int nmemonic)：设置按钮的键盘快捷键，所设置的快捷键在实际操作时需要结合 Alt 键实现。

（6）void setPressedIcon(Icon icon)：设置按下按钮时的图标。

（7）void setSelectedIcon(Icon icon)：设置选择按钮时的图标。

（8）void setRolloveiicon(Icon icon)：设置鼠标移动到按钮区域时的图标。

（9）void setDisabledIcon(Icon icon)：设置按钮无效状态下的图标。

（10）void setVerticalAlignment(int alig)：设置图标和文本的垂直对齐方式。

（11）void setHorizontalAlignment(int alig)：设置图标和文本的水平对齐方式。

（12）void setEnable(boolean flag)：启用或禁用按钮。

（13）void setVerticalTextPosition(int textPosition)：设置文本相对于图标的垂直位置。

（14）void setHorizontalTextPosition(int textPosition)：设置文本相对于图标的水平位置。

3. 案例分析

使用 JFrame 组件创建一个窗口，然后创建 4 个不同类型的按钮，再分别添加到窗口上显示。代码如下。

```java
package task1;

import java.awt.Color;
import java.awt.Dimension;

import javax.swing.JButton;
import javax.swing.JFrame;
import javax.swing.JPanel;
import javax.swing.SwingConstants;

public class JButtonDemo {
    public static void main(String[] args) {
        JFrame frame = new JFrame("Java 按钮组件示例");  //创建 Frame 窗口
        frame.setSize(400, 200);
        JPanel jp = new JPanel();  //创建 JPanel 对象
        JButton btn1 = new JButton("我是普通按钮");  //创建 JButton 对象
        JButton btn2 = new JButton("我是带背景颜色按钮");
        JButton btn3 = new JButton("我是不可用按钮");
        JButton btn4 = new JButton("我是底部对齐按钮");
        jp.add(btn1);
        btn2.setBackground(Color.YELLOW);  //设置按钮背景色
        jp.add(btn2);
        btn3.setEnabled(false);  //设置按钮不可用
        jp.add(btn3);
        Dimension preferredSize = new Dimension(160, 60);  //设置尺寸
        btn4.setPreferredSize(preferredSize);  //设置按钮大小
        btn4.setVerticalAlignment(SwingConstants.BOTTOM);  //设置按钮垂直对齐方式
        jp.add(btn4);
        frame.add(jp);
        frame.setBounds(300, 200, 600, 300);
        frame.setVisible(true);
        frame.setDefaultCloseOperation(JFrame.EXIT_ON_CLOSE);
    }
}
```

上述代码创建了 1 个 JFrame 窗口对象、1 个 JPanel 面板对象和 4 个 JButton 按钮，然后调用 JButton 类的 setBackground() 方法、setEnabled() 方法、setPreferredSize() 方法和 setVerticalAlignment() 方法设置按钮的显示外观。程序运行后 4 个按钮的显示效果如图 6-5 所示。

五、标签的创建与使用

标签是一种可以包含文本和图片的非交互组件，其文本可以是单行文本，也可以是 HTML 文本。对于只包含文本的标签可以使用 JLabel 类。

1. JLabel 类的主要构造方法

（1）JLabel()：创建无图像并且标题为空字符串的 JLabel。

（2）JLabel(Icon image)：创建具有指定图像的 JLabel。

图 6-5　Java 按钮组件示例

（3） JLabel(String text)：创建具有指定文本的 JLabel。

（4） JLabel(String textjcon image,int horizontalAlignment)：创建具有指定文本、图像和水平对齐方式的 JLabel，horizontalAlignment 的取值有 3 个，即 JLabel. LEFT、JLabel. RIGHT 和 JLabel. CENTER。

2. JLabel 的常用方法

（1） void setText(Stxing text)：定义 JLabel 将要显示的单行文本。

（2） void setIcon(Icon image)：定义 JLabel 将要显示的图标。

（3） void setIconTextGap(int iconTextGap)：如果 JLabel 同时显示图标和文本，则此属性定义它们之间的间隔。

（4） void setHorizontalTextPosition(int textPosition)：设置 JLabel 的文本相对其图像的水平位置。

（5） void setHorizontalAlignment(int alignment)：设置标签内容沿 X 轴的对齐方式。

（6） int getText()：返回 JLabel 所显示的文本字符串。

（7） Icon getIcon()：返回 JLabel 显示的图形图像。

（8） Component getLabelFor()：获得将 JLabel 添加到的组件。

（9） int getIconTextGap()：返回此标签中显示的文本和图标之间的间隔量。

（10） int getHorizontalTextPosition()：返回 JLabel 的文本相对其图像的水平位置。

3. 案例分析

使用 JFrame 组件创建一个窗口，然后向窗口中添加 3 个标签，这 3 个标签分别使用不同的创建方法。代码如下：

```
package task1;

import javax.swing.ImageIcon;
import javax.swing.JFrame;
```

```java
import javax.swing.JLabel;
import javax.swing.JPanel;

public class JLabelDemo {
    public static void main(String[] agrs) {
        JFrame frame = new JFrame("Java 标签组件示例"); //创建 Frame 窗口
        JPanel jp = new JPanel(); //创建面板
        JLabel label1 = new JLabel("普通标签"); //创建标签
        JLabel label2 = new JLabel();
        label2.setText("调用 setText()方法");
        ImageIcon img = new ImageIcon("D:\\money.png"); //创建一个图标
        //创建既含有文本又含有图标的 JLabel 对象
        JLabel label3 = new JLabel("开始理财", img, JLabel.CENTER);
        jp.add(label1); //添加标签到面板
        jp.add(label2);
        jp.add(label3);
        frame.add(jp);
        frame.setBounds(300, 200, 400, 100);
        frame.setVisible(true);
        frame.setDefaultCloseOperation(JFrame.EXIT_ON_CLOSE);
    }
}
```

运行结果如图 6-6 所示。

图 6-6　Java 标签组件示例

六、单行文本框的创建与使用

在 Swing 中使用 JTextField 类实现一个单行文本框，它允许用户输入单行的文本信息。

1. JTextField 类的常用构造方法

（1） JTextField()：创建一个默认的文本框。

（2） JTextField(String text)：创建一个指定初始化文本信息的文本框。

（3） JTextField(int columns)：创建一个指定列数的文本框。

（4） JTextField(String text, int columns)：创建一个既指定初始化文本信息，又指定列数的文本框。

2. JTextField 类的常用方法

（1） Dimension getPreferredSize()：获得文本框的首选大小。

（2） void scrollRectToVisible(Rectangle r)：向左或向右滚动文本框中的内容。

（3） void setColumns(int columns)：设置文本框最多可显示内容的列数。

（4）void setFont(Font f)：设置文本框的字体。

（5）void setScrollOffset(int scrollOffset)：设置文本框的滚动偏移量（以像素为单位）。

（6）void setHorizontalAlignment(int alignment)：设置文本框内容的水平对齐方式。

3. 案例分析

使用 JPrame 组件创建一个窗口，然后向窗口中添加 3 个 JTextField 文本框。代码如下。

```java
package task1;

import java.awt.Font;

import javax.swing.JFrame;
import javax.swing.JPanel;
import javax.swing.JTextField;

public class JTextFieldDemo {
    public static void main(String[] agrs) {
        JFrame frame = new JFrame("Java 文本框组件示例"); //创建 Frame 窗口
        JPanel jp = new JPanel(); //创建面板
        JTextField txtfield1 = new JTextField(); //创建文本框
        txtfield1.setText("普通文本框"); //设置文本框的内容
        JTextField txtfield2 = new JTextField(28);
        txtfield2.setFont(new Font("楷体", Font.BOLD, 16)); //修改字体样式
        txtfield2.setText("指定长度和字体的文本框");
        JTextField txtfield3 = new JTextField(30);
        txtfield3.setText("居中对齐");
        txtfield3.setHorizontalAlignment(JTextField.CENTER); //居中对齐
        jp.add(txtfield1);
        jp.add(txtfield2);
        jp.add(txtfield3);
        frame.add(jp);
        frame.setBounds(300, 200, 400, 100);
        frame.setVisible(true);
        frame.setDefaultCloseOperation(JFrame.EXIT_ON_CLOSE);
    }
}
```

在上述程序中，第一个文本框 txtfield1 使用 JTextField 的默认构造方法创建；第二个文本框 txtfield2 在创建时指定了文本框的长度，同时还修改了文本的字体样式；第三个文本框 txtfield3 设置文本为居中对齐。

程序运行后在窗口中显示 3 个文本框，如图 6-7 所示。

图 6-7 Java 文本框组件示例

七、多行文本框（文本域）的创建与使用

文本域与文本框的最大区别就是文本域允许用户输入多行文本信息。在 Swing 中使用 JTextArea 类实现一个文本域。

1. JTextArea 类的常用构造方法

（1）JTextArea()：创建一个默认的文本域。

（2）JTextArea(int rows,int columns)：创建一个具有指定行数和列数的文本域。

（3）JTextArea(String text)：创建一个包含指定文本的文本域。

（4）JTextArea(String text,int rows,int columns)：创建一个既包含指定文本，又包含指定行数和列数的多行文本域。

2. JTextArea 类的常用方法

（1）void append(String str)：将字符串 str 添加到文本域的最后位置。

（2）void setColumns(int columns)：设置文本域的行距。

（3）void setRows(int rows)：设置文本域的列数。

（4）int getColumns()：获取文本域的行数。

（5）void setLineWrap(boolean wrap)：设置文本域的换行策略。

（6）int getRows()：获取文本域的列数。

（7）void insert(String str,int position)：插入指定的字符串到文本域的指定位置。

（8）void replaceRange(String str,int start,int end)：将指定的开始位 start 与结束位 end 之间的字符串用指定的字符串 str 取代。

3. 案例分析

使用 JFrame 组件创建一个窗口，再向窗口中添加一个文本域，并将文本域中的文本设置为自动换行，允许显示滚动条。代码如下。

```java
package task1;

import java.awt.Color;
import java.awt.Dimension;
import java.awt.Font;

import javax.swing.JFrame;
import javax.swing.JPanel;
import javax.swing.JScrollPane;
import javax.swing.JTextArea;

public class JTextAreaDemo {
    public static void main(String[] agrs) {
        JFrame frame = new JFrame("Java 文本域组件示例");  //创建 Frame 窗口
        JPanel jp = new JPanel();  //创建一个 JPanel 对象
        JTextArea jta = new JTextArea("请输入内容",7,30);
        jta.setLineWrap(true);  //设置文本域中的文本为自动换行
```

```
            jta.setForeground(Color.BLACK);//设置组件的背景色
            jta.setFont(new Font("楷体",Font.BOLD,16));//修改字体样式
            jta.setBackground(Color.YELLOW);//设置按钮背景色
            JScrollPane jsp = new JScrollPane(jta);//将文本域放入滚动窗口
            Dimension size = jta.getPreferredSize();//获得文本域的首选大小
            jsp.setBounds(110,90,size.width,size.height);
            jp.add(jsp);//将JScrollPane添加到JPanel容器中
            frame.add(jp);//将JPanel容器添加到JFrame容器中
            frame.setBackground(Color.LIGHT_GRAY);
            frame.setSize(400,200);//设置JFrame容器的大小
            frame.setVisible(true);
      }
}
```

在上述程序中，将 JTextArea 文本域放入滚动窗口中，并通过 getPreferredSize( )方法获得文本域的显示大小。将滚动窗口的大小设置成与文本域大小相同，再将滚动窗口添加到 JPanel 面板中。

运行程序，在文本域中可以输入多行内容，当内容超出文本域高度时会显示滚动条，如图 6-8 所示。

图 6-8　Java 文本域组件示例

八、单选按钮的创建与使用

单选按钮与复选框类似，都有两种状态，不同的是一组单选按钮中只能有一个处于选中状态。Swing 中的 JRadioButton 类实现单选按钮，它与 JCheckBox 类一样，都是从 JToggleButton 类派生出来的。JRadioButton 通常位于一个 ButtonGroup 按钮组中，不在按钮组中的 JRadioButton 也就失去了单选按钮的意义。

在同一个 ButtonGroup 按钮组中的单选按钮，只能有一个单选按钮被选中。因此，如果创建的多个单选按钮其初始状态都是选中状态，则最先加入 ButtonGroup 按钮组的单选按钮的选中状态被保留，其后加入 ButtonGroup 按钮组中的其他单选按钮的选中状态被取消。

1. JRadioButton 类的常用构造方法

（1）JRadioButton( )：创建一个初始化为未选择的单选按钮，其文本未设定。

（2）JRadioButton(Icon icon)：创建一个初始化为未选择的单选按钮，其具有指定的图像但无文本。

（3）JRadioButton(Icon icon, boolean selected)：创建一个具有指定图像和选择状态的单选按钮，但无文本。

（4）JRadioButton(String text)：创建一个具有指定文本但未选择的单选按钮。

（5）JRadioButton(String text, boolean selected)：创建一个具有指定文本和选择状态的单选按钮。

（6）JRadioButton(String text, Icon icon)：创建一个具有指定文本和图像并初始化为未选中的单选按钮。

（7）JRadioButton(String text, Icon icon, boolean selected)：创建一个具有指定文本、图像和选择状态的单选按钮。

2. 案例分析

使用 JFrame 组件创建一个窗口，然后使用 JRadioButton 类创建一个选择季节的单选按钮组。

代码如下。

```java
package task1;

import java.awt.Font;

import javax.swing.ButtonGroup;
import javax.swing.JFrame;
import javax.swing.JLabel;
import javax.swing.JPanel;
import javax.swing.JRadioButton;

public class JRadioButtonDemo {
    public static void main(String[] agrs) {
        JFrame frame = new JFrame("Java单选按钮组件示例"); //创建Frame窗口
        JPanel panel = new JPanel(); //创建面板
        JLabel label1 = new JLabel("现在是哪个季节:");
        JRadioButton rb1 = new JRadioButton("春天"); //创建JRadioButton对象
        JRadioButton rb2 = new JRadioButton("夏天"); //创建JRadioButton对象
        JRadioButton rb3 = new JRadioButton("秋天", true); //创建JRadioButton对象
        JRadioButton rb4 = new JRadioButton("冬天"); //创建JRadioButton对象
        label1.setFont(new Font("楷体", Font.BOLD, 16)); //修改字体样式
        ButtonGroup group = new ButtonGroup();
        //添加JRadioButton到ButtonGroup中
        group.add(rb1);
        group.add(rb2);
        panel.add(label1);
        panel.add(rb1);
        panel.add(rb2);
        panel.add(rb3);
        panel.add(rb4);
        frame.add(panel);
```

```
        frame.setBounds(300,200,400,100);
        frame.setVisible(true);
        frame.setDefaultCloseOperation(JFrame.EXIT_ON_CLOSE);
    }
}
```

在上述程序中创建了 4 个 JRadioButton 单选按钮,并将这 4 个单选按钮添加到 ButtonGroup 组件中。运行结果如图 6-9 所示。

图 6-9　Java 单选按钮组件示例

九、复选框的创建与使用

一个复选框有选中和未选中两种状态,并且可以同时选定多个复选框。Swing 中使用 JCheckBox 类实现复选框。

1. JCheckBox 类的常用构造方法

(1) JCheckBox():创建一个默认的复选框,在默认情况下既未指定文本,也未指定图像,并且未被选择。

(2) JCheckBox(String text):创建一个指定文本的复选框。

(3) JCheckBox(String text,boolean selected):创建一个指定文本和选择状态的复选框。

2. 案例分析

使用 JFmme 组件创建一个窗口,然后使用 JCheckBox 类创建一些复选框。
代码如下。

```
package task1;

import java.awt.Font;

import javax.swing.JCheckBox;
import javax.swing.JFrame;
import javax.swing.JLabel;
import javax.swing.JPanel;

public class JCheckBoxDemo {
    public static void main(String[] agrs) {
        JFrame frame = new JFrame("Java 复选框组件示例"); //创建 Frame 窗口
        JPanel jp = new JPanel(); //创建面板
        JLabel label = new JLabel("流行编程语言有:");
        label.setFont(new Font("楷体",Font.BOLD,16)); //修改字体样式
```

```
            JCheckBox chkbox1 = new JCheckBox("C#",true);  //创建指定文本和状态的复
选框
            JCheckBox chkbox2 = new JCheckBox("C++");  //创建指定文本的复选框
            JCheckBox chkbox3 = new JCheckBox("Java");  //创建指定文本的复选框
            JCheckBox chkbox4 = new JCheckBox("Python");  //创建指定文本的复选框
            JCheckBox chkbox5 = new JCheckBox("PHP");  //创建指定文本的复选框
            JCheckBox chkbox6 = new JCheckBox("Perl");  //创建指定文本的复选框
            jp.add(label);
            jp.add(chkbox1);
            jp.add(chkbox2);
            jp.add(chkbox3);
            jp.add(chkbox4);
            jp.add(chkbox5);
            jp.add(chkbox6);
            frame.add(jp);
            frame.setBounds(300,200,400,100);
            frame.setVisible(true);
            frame.setDefaultCloseOperation(JFrame.EXIT_ON_CLOSE);
        }
    }
```

在上述程序中，一共创建了6个复选框，其中第一个调用 JCheckBox 类的构造方法时指定了复选框为选中状态。运行结果如图 6-10 所示。

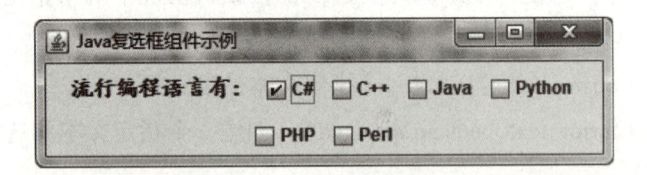

图 6-10　Java 复选框组件示例

十、下拉列表的创建与使用

下拉列表的特点是将多个选项折叠在一起，只显示最前面的或被选中的一个。选择时需要单击下拉列表右边的下三角按钮，这时候会弹出包含所有选项的列表。用户可以在列表中进行选择，也可以根据需要直接输入所要的选项，还可以输入选项中没有的内容。

1. JComboBox 类的常用构造方法

（1） JComboBox()：创建一个空的 JComboBox 对象。

（2） JComboBox(ComboBoxModel aModel)：创建一个 JComboBox 对象，其选项取自现有的 ComboBoxModel 对象。

（3） JComboBox(Object[] items)：创建包含指定数组中元素的 JComboBox 对象。

2. JComboBox 类的常用方法

（1） void addItem(Object anObject)：将指定的对象作为选项添加到下拉列表框中。

（2） void insertItemAt(Object anObject,int index)：在下拉列表框中的指定索引处插入项。

(3) void removeItem(Object anObject)：在下拉列表框中删除指定的对象项。

(4) void removeItemAt(int anIndex)：在下拉列表框中删除指定位置的对象项。

(5) void removeAllItems( )：从下拉列表框中删除所有项。

(6) int getItemCount( )：返回下拉列表框中的项数。

(7) Object getItemAt(int index)：获取指定索引的列表项，索引从 0 开始。

(8) int getSelectedIndex( )：获取当前选择的索引。

(9) Object getSelectedItem( )：获取当前选择的项。

JComboBox 类能够响应 ItemEvent 事件和 ActionEvent 事件，其中 ItemEvent 事件触发的时机是当下拉列表框中的所选项更改时，ActionEvent 事件触发的时机是当用户在 JComboBox 上直接输入选择项并按 Enter 键时。要处理这两个事件，需要创建相应的事件类并实现 ItemListener 接口和 ActionListener 接口。

3. 案例分析

使用 JFrame 组件创建一个窗口，然后使用 JComboBox 类创建一个包含 4 个选项的下拉列表框。

代码如下。

```java
import javax.swing.JComboBox;
import javax.swing.JFrame;
import javax.swing.JLabel;
import javax.swing.JPanel;
public class JComboBoxDemo
{
    public static void main(String[] args)
    {
        JFrame frame = new JFrame("Java 下拉列表组件示例");
        JPanel jp = new JPanel();         //创建面板
        JLabel label1 = new JLabel("证件类型:");     //创建标签
        JComboBox cmb = new JComboBox();      //创建 JComboBox
        cmb.addItem(" -- 请选择 -- ");       //向下拉列表中添加一项
        cmb.addItem("身份证");
        cmb.addItem("驾驶证");
        cmb.addItem("军官证");
        jp.add(label1);
        jp.add(cmb);
        frame.add(jp);
        frame.setBounds(300,200,400,150);
        frame.setVisible(true);
        frame.setDefaultCloseOperation(JFrame.EXIT_ON_CLOSE);
    }
}
```

在上述代码中，创建了一个下拉列表组件 cmb，然后调用 addItem( )方法向下拉列表中添加 4 个选项。运行结果如图 6-11 所示。

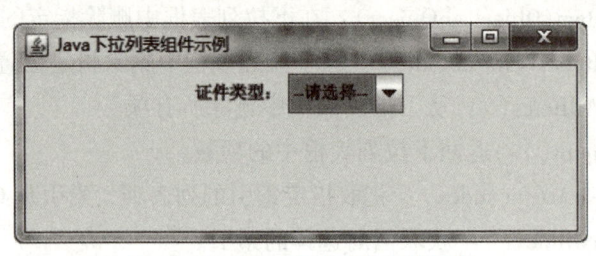

图 6-11　Java 下拉列表组件示例

十一、列表框的创建与使用

列表框与下拉列表的区别不仅表现在外观上，还表现在当激活下拉列表时，会出现下拉列表框中的内容，而列表框只是在窗体上占据固定的大小，如果需要列表框具有滚动效果，可以将列表框放到滚动面板中。当用户选择列表框中的某一选项时，按住 Shift 键并选择列表框中的其他选项，可以连续选择两个选项之间的所有选项，也可以按住 Ctrl 键选择多个选项。

Swing 中使用 JList 类表示列表框。

1. JList 类的常用构造方法

（1）JList()：构造一个空的只读模型的列表框。

（2）JList(ListModel dataModel)：根据指定的非 null 模型对象构造一个显示元素的列表框。

（3）JList(Object[ ] listData)：使用 listData 指定的元素构造一个列表框。

（4）JList(Vector<?> listData)：使用 listData 指定的元素构造一个列表框。

上述的第一个构造方法没有参数，使用此方法创建列表框后可以使用 setListData() 方法对列表框中的元素进行填充，也可以调用其他形式的构造方法在初始化时对列表框中的元素进行填充。常用的元素类型有 3 种，分别是数组、Vector 对象和 ListModel 模型。

2. 案例分析

（1）使用 JFmme 组件创建一个窗口，然后使用 JList 类创建一个包含 3 个选项的列表框。代码如下：

```
package task1;

import javax.swing.JFrame;
import javax.swing.JLabel;
import javax.swing.JList;
import javax.swing.JPanel;

public class JListDemo {
    public static void main(String[] args) {
        JFrame frame = new JFrame("Java 列表框组件示例");
        JPanel jp = new JPanel();  //创建面板
        JLabel label1 = new JLabel("证件类型:");  //创建标签
```

```
            String[] items = new String[]{"身份证","驾驶证","军官证"};
            JList list = new JList(items);  //创建 JList
            jp.add(label1);
            jp.add(list);
            frame.add(jp);
            frame.setBounds(300,200,400,100);
            frame.setVisible(true);
            frame.setDefaultCloseOperation(JFrame.EXIT_ON_CLOSE);
    }
}
```

在上述代码中，创建了一个包含 3 个元素的字符串数组 items，然后将 items 作为参数创建列表框。图 6-12 所示为程序运行后列表框中的单选和多选效果。

图 6-12　Java 列表框组件示例（1）

（2）JList 组件在默认情况下支持单选和多选，可以通过 setSelectionMode( ) 方法来限制选择行为。例如，下面的代码限制只能在列表框中进行单选操作。

```
package task1;

import java.awt.BorderLayout;

import javax.swing.JFrame;
import javax.swing.JList;
import javax.swing.JPanel;
import javax.swing.JScrollPane;
import javax.swing.ListSelectionModel;
import javax.swing.border.EmptyBorder;

public class JListDemo1 extends JFrame {
    public JListDemo1() {
        setTitle("Java 列表框组件示例");
        setDefaultCloseOperation(JFrame.EXIT_ON_CLOSE);  //设置窗体退出时操作
        setBounds(100,100,300,300);  //设置窗体位置和大小
        JPanel contentPane = new JPanel();  //创建内容面板
        contentPane.setBorder(new EmptyBorder(5,5,5,5));  //设置面板的边框
        contentPane.setLayout(new BorderLayout(0,0));  //设置内容面板为边界布局
        setContentPane(contentPane);  //应用内容面板
        JScrollPane scrollPane = new JScrollPane();  //创建滚动面板
        contentPane.add(scrollPane, BorderLayout.CENTER);  //将面板增加到边界
```
布局中央

```
            JList list = new JList();
            //限制只能选择一个元素
            list.setSelectionMode(ListSelectionModel.SINGLE_SELECTION);
            scrollPane.setViewportView(list); //在滚动面板中显示列表
            String[] listData = new String[12]; //创建一个含有 12 个元素的数组
            for (int i = 0; i < listData.length; i ++) {
                    listData[i] = "这是列表框的第" + (i + 1) + "个元素~"; //为数组中各个元素赋值
            }
            list.setListData(listData); //为列表填充数据
    }

    public static void main(String[] args) {
            JListDemo1 frame = new JListDemo1();
            frame.setVisible(true);
    }
}
```

上述代码调用了 setSelectionMode( )方法，并指定 ListSelectionModel. SINGLE_SELECTION 常量来限制在列表框中一次只能选择一个选项。该方法还支持如下两个常量。

（1）ListSelectionModel. SINGLE_INTERVAL_SELECTION：允许选择一个或多个连续的元素。

（2）ListSelectionModel. MULTIPLE_INTERVAL_SELECTION：允许选择一个连续的元素。

运行效果如图 6 – 13 所示。

图 6 – 13　列表框组件示例（2）

十二、对话框的创建与使用

对话框通常用于从用户处接收附加信息，或者提供发生了某种事件的通知。Java 语言提供了 JOptionPane 类，用来创建标准对话框，也可以通过扩展 JDialog 类创建自定义的对话框。JOptionPane 类可以用来创建 4 种类型的标准对话框：确认对话框、消息对话框、输入对话框和选项对话框。

1. 确认对话框

确认对话框显示消息，并等待用户单击"确定"按钮来取消对话框。该对话框不返回任何值。确认对话框询问一个问题，需要用户单击合适的按钮做出响应。确认对话框返回对应被选按钮的值。

1）创建确认对话框的方法

```
public static int showConfirmDialog(Component parentComponent,Object message,
String title,int optionType,int messageType,Icon icon)
```

参数 parentComponent、message、title、messageType 和 icon 与 showMessageDialog( )方法中的参数含义相同。其中，只有 parentComponent 和 message 参数是必需的，title 参数的默认值为"选择一个选项"。messageType 参数的默认值是 QUESTION_MESSAGE。optionType 参数用于控制在对话框上显示的按钮，可选值如下：

(1) 0 或 JOptionPane. YES_NO_OPTIION；

(2) 1 或 JOptionPane. YES_NO_CANCEL_OPTIION；

(3) 2 或 JOptionPane. OK_CANCEL_OPTIION。

2）案例分析

使用 showCon&mDialog( )方法创建3个确认对话框，该方法中指定的参数个数和参数值都是不同的。

代码如下。

```
JOptionPane.showConfirmDialog(p,"确定要删除吗?","删除提示",0);
JOptionPane.showConfirmDialog(p,"确定要删除吗?","删除提示",1,2);
ImageIcon icon = new ImageIcon("F:\\pic\\n63.gif");
JOptionPane.showConfirmDialog(p,"确定要删除吗?","删除提示",2,1,icon);
```

这3条语句所实现的对话框分别如图6-14～图6-16所示。

图6-14　确认对话框（1）　　图6-15　确认对话框（2）　　图6-16　确认对话框（3）

showConfirmDialog( )方法返回所选选项对应的值，这些值可以是整数或常量值，如下：

(1) 0 或 JOptionPane. YES_OPTIION；

(2) 1 或 JOptionPane. NO_OPTIION；

(3) 2 或 JOptionPane. CANCEL_OPTIION；

(4) 0 或 JOptionPane. OK_OPTIION；

(5) -1 或 JOptionPane. CLOSED_OPTIION。

提示：除了 CLOSED_OPTIION 外，其他常量值都对应于激活的按钮。CLOSED_OPTIION 表示对话框在没有任何按钮激活的情况下关闭，例如单击对话框上的关闭按钮。

2. 消息对话框

消息对话框显示一条提示或警告用户的信息，并等待用户单击"确定"按钮以关闭对话框。

1）创建消息对话框的方法

```
public static void showMessageDialog(Component parentComponent,Object message,
String title,int messageType,Icon icon)
```

其中，只有 parentComponent 参数和 message 参数是必须指定的。parentComponent 参数可以是任意组件或者为空；message 参数用来定义提示信息，它是一个对象，但是通常使用字符串表示；title 参数是设置对话框标题的字符串；messageType 参数是以下整型或常量中的一个。

（1）0 或 JOptionPane. ERROR_MESSAGE；
（2）1 或 JOptionPane. INFORMATION_MESSAGE；
（3）JOptionPane. PLAIN_MESSAGE；
（4）2 或 JOptionPane. WARNING_MESSAGE；
（5）3 或 JOptionPane. QUESTION_MESSAGE。

在默认情况下，messageType 的值是 OptionPane. INFORMATION_MESSAGE。除类型 PLAIN_MESSAGE 外，每种类型都有相应的图标，也可以通过 icon 参数提供自己的图标。

2）案例分析

下面的代码演示了不同的 messageType 取值实现的效果。

```
JOptionPane.showMessageDialog(p,"用户名或密码错误!","错误 ",0);
JOptionPane.showMessageDialog(p,"请注册或登录...","提示",1);
JOptionPane.showMessageDialog(p,"普通会员无权执行删除操作!","警告",2);
JOptionPane.showMessageDialog(p,"你是哪一位？请输入用户名","问题",3);
JOptionPane.showMessageDialog( p," 扫 描 完 毕，没 有 发 现 病 毒!"," 提 示 ", JOption-
Pane.PLAIN_MESSAGE);
```

3. 输入对话框

输入对话框用于接收用户的输入。输入组件可以由文本框、下拉列表或者列表框实现。如果没有指定可选值，那么就使用文本框接收输入；如果指定了一组可选值，且可选值的个数小于 20，那么将使用下拉列表显示；如果可选值的个数大于或等于 20，那么这些可选值将通过列表框显示。

1）创建输入对话框的方法

```
public static String showInputDialog(Component parentComponent,Object message,
String title,int messageType)
public static Object showInputDSalog(Component parentComponent,Object message,
String title,int messageType,Icon icon,Object[] selectionValue,Object initValue)
```

其中，第一个 showInputDialog( ) 方法用于使用文本框输入，第二个 showInputDialog( ) 方法用于下拉列表或列表框的显示方式。parentComponent 参数是必需的，message 参数默认为空，title 参数的默认值为"输入"，messageType 参数的值默认为 3 或 JOptionPane.QUESTION_MESSAGE。

2）案例分析

使用 showInputDialog( ) 方法创建两个输入文本框，代码如下。

```
JOptionPane.showInputDialog(panel,"请输入用户名","输入用户名",1);
String[] str = {"admin","maxianglin","calc123456","admin123"};
JOptionPane.showInputDialog(panel,"请选择用户名","选择用户名",1,null,str,str[0]);
```

第一个对话框没有指定列表值，那么将显示文本框；第二个对话框显示为下拉列表的形式，如图 6-17 所示。

图 6-17　输入对话框

提示：showInputDialog( ) 方法中没有 optionType 参数，表示输入对话框的按钮是不可以设置的，通常显示为"确定"和"取消"按钮。

4. 选项对话框

选项对话框允许用户自己定制按钮内容。

1）创建选项对话框的方法

```
public static int showOptionDialog(Component parentComponent,Object message,String title,int optionType,int messageType,icon icon,Object[] options,Object initValue)
```

其中，使用 options 参数指定按钮，initValue 参数用于指定默认获得焦点的按钮。该方法返回表明激活的按钮的一个整型值。

2）案例分析

创建一个 JButton 数组，然后使用 showOptionDialog( ) 方法创建一个选项对话框，根据 JButton 数组显示对话框的按钮。代码如下。

```
JButton[] bs = {new JButton("确定"),new JButton("取消"),new JButton("重置")};
JOptionPane.showOptionDialog(panel,"请选择其中的一项:","选择",1,3,null,bs,bs[0]);
```

运行效果如图 6-18 所示。

图 6-18 选项对话框

任务二　组件的布局管理

【知识准备】

在向容器中添加组件时，需要考虑组件的位置和大小。如果不使用布局管理器，则需要先在纸上画好各个组件的位置并计算组件间的距离，再向容器中添加。这样虽然能够灵活控制组件的位置，实现却非常麻烦。

一、边框布局管理器

1. 定义

边框布局管理器（BorderLayout）是 Window、JFrame 和 JDialog 的默认布局管理器。边框布局管理器将窗口分为 5 个区域：North、South、East、West 和 Center。其中，North 表示北，占据面板的上方；South 表示南，占据面板的下方；East 表示东，占据面板的右侧；West 表示西，占据面板的左侧；中间区域 Center 是 East、South、West、North 各区域都填满后剩下的区域，如图 6-19 所示。

North		
West	Center	East
South		

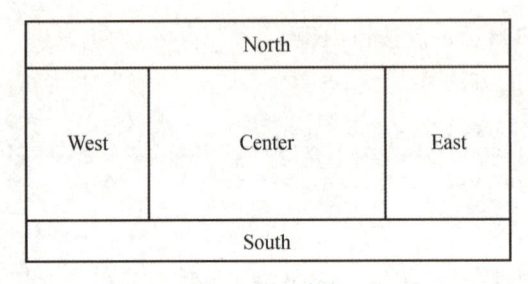

图 6-19 布局

注意：边框布局管理器并不要求所有区域都必须有组件，如果四周的区域（North、South、East 和 West 区域）中没有组件，则由 Center 区域补充。如果单个区域中添加的不只一个组件，那么后来添加的组件将覆盖原来的组件，因此，区域中只显示最后添加的一个组件。

2. 常用的边框布局管理器的构造方法

（1）BorderLayout()：创建一个 Border 布局，组件之间没有间隙。

（2）BorderLayout(int hgap, int vgap)：创建一个 Border 布局，其中 hgap 表示组件之间的横向间隔，vgap 表示组件之间的纵向间隔，单位是像素。

3. 案例分析

使用边框布局管理器将窗口分割为 5 个区域，并在每个区域中添加一个标签按钮。代码如下：

```java
package task2;

import java.awt.BorderLayout;

import javax.swing.JButton;
import javax.swing.JFrame;

public class BorderLayoutDemo {
    public static void main(String[] agrs) {
        JFrame frame = new JFrame("Java第三个GUI程序"); //创建Frame窗口
        frame.setSize(420, 220);
        frame.setLayout(new BorderLayout()); //为Frame窗口设置布局为BorderLayout

        JButton button1 = new JButton("上");
        JButton button2 = new JButton("左");
        JButton button3 = new JButton("中");
        JButton button4 = new JButton("右");
        JButton button5 = new JButton("下");
        frame.add(button1, BorderLayout.NORTH);
        frame.add(button2, BorderLayout.WEST);
        frame.add(button3, BorderLayout.CENTER);
        frame.add(button4, BorderLayout.EAST);
        frame.add(button5, BorderLayout.SOUTH);
        frame.setBounds(300, 200, 600, 300);
        frame.setVisible(true);
        frame.setDefaultCloseOperation(JFrame.EXIT_ON_CLOSE);
    }
}
```

在上述程序中，分别指定了 BorderLayout 布局的 East、South、West、North、Center 区域中要填充的按钮。运行结果如图 6-20 所示。

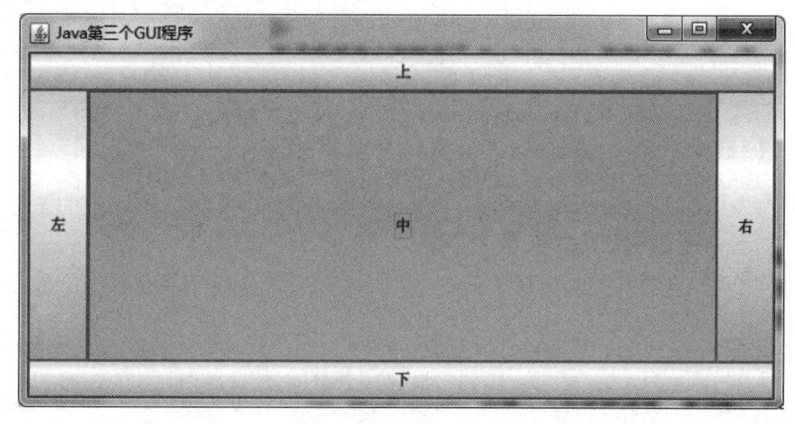

图 6-20　GUI 程序

二、流式布局管理器

1. 定义

流式布局管理器（FlowLayout）是 JPanel 和 JApplet 的默认布局管理器。流式布局管理器会将组件按照从上到下、从左到右的放置规律逐行进行定位。与其他布局管理器不同的是，流式布局管理器不限制它所管理组件的大小，而允许它们有自己的最佳大小。

2. 常用的流式布局管理器的构造方法

（1）FlowLayout()：创建一个流式布局管理器，使用默认的居中对齐方式和默认 5 像素的水平和垂直间隔。

（2）FlowLayout(int align)：创建一个流式布局管理器，使用默认 5 像素的水平和垂直间隔。其中，align 表示组件的对齐方式，对齐的值必须是 FlowLayoutLEFT、FlowLayout.RIGHT 和 FlowLayout.CENTER，指定组件在这一行的位置是居左对齐、居右对齐或居中对齐。

（3）FlowLayout(int align, int hgap, int vgap)：创建一个流式布局管理器，其中 align 表示组件的对齐方式；hgap 表示组件之间的横向间隔；vgap 表示组件之间的纵向间隔，单位是像素。

3. 案例分析

创建一个窗口，设置标题为"Java 第四个 GUI 程序"。使用 FlowLayout 类对窗口进行布局，向容器内添加 9 个按钮，并设置横向和纵向的间隔都为 20 像素。

代码如下：

```java
package task2;

import java.awt.Color;
import java.awt.FlowLayout;

import javax.swing.JButton;
import javax.swing.JFrame;
import javax.swing.JPanel;

public class FlowLayoutDemo {
    public static void main(String[] agrs) {
        JFrame jFrame = new JFrame("Java 第四个 GUI 程序");//创建 Frame 窗口
        JPanel jPanel = new JPanel();//创建面板
        JButton btn1 = new JButton("1");//创建按钮
        JButton btn2 = new JButton("2");
        JButton btn3 = new JButton("3");
        JButton btn4 = new JButton("4");
        JButton btn5 = new JButton("5");
        JButton btn6 = new JButton("6");
        JButton btn7 = new JButton("7");
        JButton btn8 = new JButton("8");
        JButton btn9 = new JButton("9");
        jPanel.add(btn1);//面板中添加按钮
```

```
            jPanel.add(btn2);
            jPanel.add(btn3);
            jPanel.add(btn4);
            jPanel.add(btn5);
            jPanel.add(btn6);
            jPanel.add(btn7);
            jPanel.add(btn8);
            jPanel.add(btn9);
            //向 JPanel 添加 FlowLayout 布局管理器,
            //将组件间的横向和纵向间隙都设置为 20 像素
            jPanel.setLayout(new FlowLayout(FlowLayout.LEADING, 20, 20));
            jPanel.setBackground(Color.gray); //设置背景色
            jFrame.add(jPanel); //添加面板到容器
            jFrame.setBounds(300, 200, 300, 150); //设置容器的大小
            jFrame.setVisible(true);
            jFrame.setDefaultCloseOperation(JFrame.EXIT_ON_CLOSE);
        }
}
```

在上述程序中,向 JPanel 面板中添加了 9 个按钮,并使用流式布局管理器使 9 个按钮间的横向和纵向间隙都为 20 像素。此时这些按钮将在容器上按照从上到下、从左到右的顺序排列,如果一行剩余空间不足容纳,组件将会换行显示。运行结果如图 6-21、图 6-22 所示。

图 6-21 流式布局管理器 (1)

图 6-22 流式布局管理器 (2)

三、网格布局管理器

1. 定义

网格布局管理器(GridLayout)为组件的放置位置提供了更大的灵活性。它将区域分割成行数(rows)和列数(columns),进行网格状布局,组件按照由左至右、由上而下的次序

排列填充到各个单元格中。

2. 常用的网格布局管理器的构造方法

（1） GridLayout(int rows,int cols)：创建一个指定行（rows）和列（cols）的网格布局。布局中所有组件的大小一样，组件之间没有间隔。

（2） GridLayout(int rows,int cols,int hgap,int vgap)：创建一个指定行（rows）和列（cols）的网格布局，并且可以指定组件之间横向（hgap）和纵向（vgap）的间隔，单位是像素。

提示：网格布局管理器总是忽略组件的最佳大小，而是根据提供的行（rows）和列（cols）进行平分。所有单元格的宽度和高度都是一样的。

3. 实训案例

使用 GridLayout 类设计一个简单计算器。

代码如下。

```java
package task2;

import java.awt.GridLayout;

import javax.swing.JButton;
import javax.swing.JFrame;
import javax.swing.JPanel;

public class GridLayoutDemo {
    public static void main(String[] args) {
        JFrame frame = new JFrame("GridLayou布局计算器");
        JPanel panel = new JPanel(); //创建面板
        //指定面板的布局为GridLayout,4行4列,间隙为5
        panel.setLayout(new GridLayout(4,4,5,5));
        panel.add(new JButton("7")); //添加按钮
        panel.add(new JButton("8"));
        panel.add(new JButton("9"));
        panel.add(new JButton("/"));
        panel.add(new JButton("4"));
        panel.add(new JButton("5"));
        panel.add(new JButton("6"));
        panel.add(new JButton("*"));
        panel.add(new JButton("1"));
        panel.add(new JButton("2"));
        panel.add(new JButton("3"));
        panel.add(new JButton("-"));
        panel.add(new JButton("0"));
        panel.add(new JButton("."));
        panel.add(new JButton("="));
        panel.add(new JButton("+"));
        frame.add(panel); //添加面板到容器
        frame.setBounds(300,200,200,150);
```

```
            frame.setVisible(true);
            frame.setDefaultCloseOperation(JFrame.EXIT_ON_CLOSE);
        }
    }
```

在上述程序中，设置面板为4行4列、间隙都为5像素的网格布局，在该面板上包含16个按钮，其横向和纵向的间隙都为5。运行结果如图6-23所示。

图6-23 网格布局管理器

四、卡片布局管理器

1. 定义

卡片布局管理器（CardLayout）能够帮助用户实现多个成员共享同一个显示空间，并且一次只显示一个容器组件的内容。卡片布局管理器将容器分成许多层，每层的显示空间占据整个容器的大小，但是每层只允许放置一个组件。

2. 常用的卡片布局管理器的构造方法

（1）CardLayout()：构造一个新布局，默认间隔为0。

（2）CardLayout(int hgap, int vgap)：创建卡片布局管理器，并指定组件间的水平间隔（hgap）和垂直间隔（vgap）。

3. 案例分析

使用CardLayout类对容器内的两个面板进行布局。其中第一个面板上包括3个按钮，第二个面板上包括3个文本框。最后调用CardLayout类的show()方法显示指定面板的内容。

代码如下：

```
package task2;

import java.awt.CardLayout;

import javax.swing.JButton;
import javax.swing.JFrame;
import javax.swing.JPanel;
import javax.swing.JTextField;

public class CardLayoutDemo {
    public static void main(String[] agrs) {
        JFrame frame = new JFrame("Java第五个程序"); //创建Frame窗口
        JPanel p1 = new JPanel(); //面板1
```

```
            JPanel p2 = new JPanel(); //面板2
            JPanel cards = new JPanel(new CardLayout()); //卡片布局的面板
            p1.add(new JButton("登录按钮"));
            p1.add(new JButton("注册按钮"));
            p1.add(new JButton("找回密码按钮"));
            p2.add(new JTextField("用户名文本框",20));
            p2.add(new JTextField("密码文本框",20));
            p2.add(new JTextField("验证码文本框",20));
            cards.add(p1,"card1"); //向卡片布局面板中添加面板1
            cards.add(p2,"card2"); //向卡片布局面板中添加面板2
            CardLayout cl = (CardLayout) (cards.getLayout());
            cl.show(cards,"card1"); //调用show()方法显示面板1
            //cl.show(cards,"card2"); //调用show()方法显示面板2
            frame.add(cards);
            frame.setBounds(300,200,400,200);
            frame.setVisible(true);
            frame.setDefaultCloseOperation(JFrame.EXIT_ON_CLOSE);
        }
    }
```

在上述代码中，创建了一个卡片布局的面板 cards，该面板包含两个大小相同的子面板 p1 和 p2。需要注意的是，在将 p1 和 p2 添加到 cards 面板中时使用了含有两个参数的 add( ) 方法，该方法的第二个参数用来标识子面板。当需要显示某一个面板时，只需要调用卡片布局管理器的 show( ) 方法，并在参数中指定子面板所对应的字符串即可，这里显示的是 p1 面板。运行结果如图 6 – 24 所示。

图 6 – 24　卡片布局管理器（1）

如果将 "cl.show(cards,"card1")" 语句中的 card1 换成 card2，将显示 p2 面板的内容。运行结果如图 6 – 25 所示。

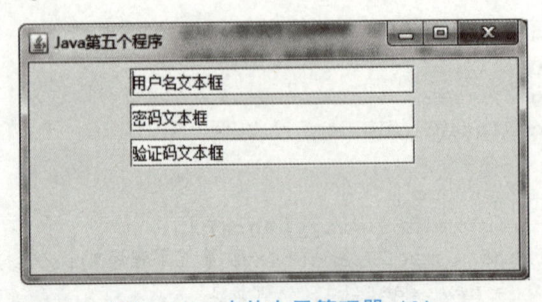

图 6 – 25　卡片布局管理器（2）

五、网格袋布局管理器

网格袋布局管理器（GridBagLayout）在网格的基础上提供复杂的布局，是最灵活、最复杂的布局管理器。GridBagLayout 类不需要组件的尺寸一致，允许组件扩展到多行多列。每个 GridBagLayout 对象都维护了一组动态的矩形网格单元，每个组件占一个或多个单元，所占有的网格单元称为组件的显示区域。

GridBagLayout 类所管理的每个组件都与一个 GridBagConstraints 约束类的对象相关。这个约束类对象指定了组件的显示区域在网格中的位置，以及在其显示区域中应该如何摆放组件。除了组件的约束对象，GridBagLayout 类还要考虑每个组件的最小和首选尺寸，以确定组件的大小。

为了有效地利用网格袋布局管理器，在向容器中添加组件时，必须定制某些组件的相关约束对象。GridBagConstraints 对象的定制是通过下列变量实现的。

1. gridx 和 gridy

gridx 和 gridy 用来指定组件左上角在网格中的行和列。容器中最左边列的 gridx 为 0，最上边行的 gridy 为 0。这两个变量的默认值是 GridBagConstraints.RELATIVE，表示对应的组件将放在前一个组件的右边或下面。

2. gridwidth 和 gridheight

gridwidth 和 gridheight 用来指定组件显示区域所占的列数和行数，以网格单元而不是像素为单位，默认值为 1。

3. fill

fill 指定组件填充网格的方式，可以是如下值：GridBagConstraints.NONE（默认值）、GridBagConstraints.HORIZONTAL（组件横向充满显示区域，但是不改变组件高度）、GridBagConstraints.VERTICAL（组件纵向充满显示区域，但是不改变组件宽度）以及 GridBagConstraints.BOTH（组件横向、纵向充满显示区域）。

4. ipadx 和 ipady

ipadx 和 ipady 指定组件显示区域的内部填充，即在组件最小尺寸之外需要附加的像素数，默认值为 0。

5. insets

insets 指定组件显示区域的外部填充，即组件与其显示区域边缘之间的空间，默认组件没有外部填充。

6. anchor

anchor 指定组件在显示区域中的摆放位置，可选值有 GridBagConstraints.CENTER（默认值）、GridBagConstraints.NORTH、GridBagConstraints.NORTHEAST、GridBagConstraints.EAST、GridBagConstraints.SOUTH、GridBagConstraints.SOUTHEAST、GridBagConstraints.WEST、GridBagConstraints.SOUTHWEST 以及 GridBagConstraints.NORTHWEST。

7. weightx 和 weighty

weightx 和 weighty 用来指定在容器大小改变时，增加或减少的空间如何在组件间分配，默认值为 0，即所有的组件将聚拢在容器的中心，多余的空间将放在容器边缘与网格单元之间。weightx 和 weighty 的取值一般在 0.0 与 1.0 之间，数值大表明组件所在的行或列将获得更大的空间。

【任务实训】

创建一个窗口，使用网格袋布局管理器进行布局，实现一个简易的手机拨号盘。这里要注意控制行内组件的显示方式以及使用 GridBagConstraints.REMAINDER 来控制一行的结束。

代码如下。

```java
package task2;
import java.awt.GridBagConstraints;
import java.awt.GridBagLayout;

import javax.swing.JButton;
import javax.swing.JFrame;
import javax.swing.JTextField;

public class GridBagLayoutDemo {
    //向 JFrame 中添加 JButton 按钮
    public static void makeButton(String title, JFrame frame,
            GridBagLayout gridBagLayout, GridBagConstraints constraints) {
        JButton button = new JButton(title);  //创建 Button 对象
        gridBagLayout.setConstraints(button, constraints);
        frame.add(button);
    }

    public static void main(String[] agrs) {
        JFrame frame = new JFrame("拨号盘");
        //创建 GridBagLayout 布局管理器
        GridBagLayout gbaglayout = new GridBagLayout();
        GridBagConstraints constraints = new GridBagConstraints();
        frame.setLayout(gbaglayout);  //使用 GridBagLayout 布局管理器
        constraints.fill = GridBagConstraints.BOTH;  //组件填充显示区域
        constraints.weightx = 0.0;  //恢复默认值
        constraints.gridwidth = GridBagConstraints.REMAINDER;  //结束行
        JTextField tf = new JTextField("13612345678");
        gbaglayout.setConstraints(tf, constraints);
        frame.add(tf);
        constraints.weightx = 0.5;  //指定组件的分配区域
        constraints.weighty = 0.2;
        constraints.gridwidth = 1;
        makeButton("7", frame, gbaglayout, constraints);  //调用方法,添加按钮组件
        makeButton("8", frame, gbaglayout, constraints);
        constraints.gridwidth = GridBagConstraints.REMAINDER;  //结束行
        makeButton("9", frame, gbaglayout, constraints);
```

```
                constraints.gridwidth = 1;  //重新设置gridwidth的值

                makeButton("4", frame, gbaglayout, constraints);
                makeButton("5", frame, gbaglayout, constraints);
                constraints.gridwidth = GridBagConstraints.REMAINDER;
                makeButton("6", frame, gbaglayout, constraints);
                constraints.gridwidth = 1;
                makeButton("1", frame, gbaglayout, constraints);
                makeButton("2", frame, gbaglayout, constraints);
                constraints.gridwidth = GridBagConstraints.REMAINDER;
                makeButton("3", frame, gbaglayout, constraints);
                constraints.gridwidth = 1;
                makeButton("返回", frame, gbaglayout, constraints);
                constraints.gridwidth = GridBagConstraints.REMAINDER;
                makeButton("拨号", frame, gbaglayout, constraints);
                constraints.gridwidth = 1;
                frame.setBounds(400, 400, 400, 400);  //设置容器大小
                frame.setVisible(true);
                frame.setDefaultCloseOperation(JFrame.EXIT_ON_CLOSE);
        }
}
```

在上述程序中，创建了一个 makeButton() 方法，用来将 JButton 组件添加到 JFrame 窗口中。在 main() 方法中分别创建了 GridBagLayout 对象和 GridBagConstraints 对象，然后设置 JFrame 窗口的布局为 GridBagLayout，并设置了 GridBagConstraints 的一些属性。接着将 JTextField 组件添加至窗口中，并通知布局管理器的 GridBagConstraints 信息。

在接下来的代码中，调用 makeButton() 方法向 JFrame 窗口中填充按钮，并使用 GridBagConstraints.REMAINDER 来控制结束行。当一行结束后，重新设置 GridBagConstraints 对象的 gridwidth 为 1。最后设置 JFrame 窗口为可见状态。运行结果如图 6-26 所示。

图 6-26　拨号盘

任务三　为组件添加事件处理

【知识准备】

事件表示程序和用户之间的交互，例如在文本框中输入内容、在列表框或组合框中选择选项、选中复选框和单选框、单击按钮等。事件处理表示程序对事件的响应、与用户的交互。对事件的处理是事件处理程序完成的。

当事件发生时，系统会自动捕捉事件，创建表示动作的事件对象并把它们分派给程序内的事件处理程序代码。这种代码确定了如何处理事件以使用户得到相应的回答。

1. 事件处理模型

前面讲解了如何放置各种组件，使 GUI 更加丰富多彩，但是还不能响应用户的任何操作。要使 GUI 能够接收用户的操作，必须给各个组件加上事件处理机制。在事件处理的过程中，主要涉及三类对象。

Event（事件）：用户对组件的一次操作称为一个事件，以类的形式出现。例如，键盘操作对应的事件类是 KeyEvent。

Event Source（事件源）：事件发生的场所，通常就是各个组件，例如按钮 Button。

Event Handler（事件处理者）：接收事件对象并对其进行处理的对象事件处理器，通常就是某个 Java 类中负责处理事件的成员方法。

例如，如果单击了按钮对象 Button，则该按钮对象 Button 就是事件源，而 Java 运行时系统会生成 ActionEvent 类的对象 ActionEvent，该对象中描述了单击按钮事件发生时的一些信息。之后，事件处理者对象将接收由 Java 运行时系统传递过来的事件对象 ActionEvent，并进行相应的处理。事件处理模型如图 6-27 所示。

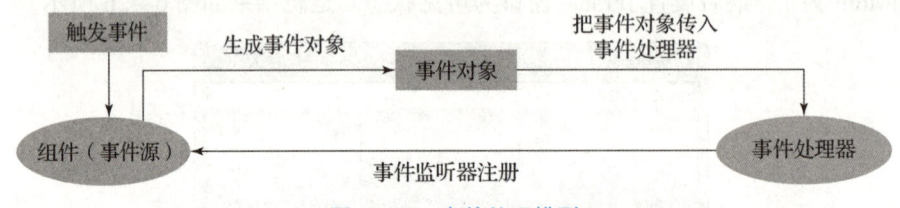

图 6-27　事件处理模型

由于同一个事件源上可能发生多种事件，因此，Java 采取了授权模型（Delegation Model），事件源可以把在其自身上所有可能发生的事件分别授权给不同的事件处理者来处理。例如，在 Panel 对象上既可能发生鼠标事件，也可能发生键盘事件，该 Panel 对象可以授权给事件处理者 a 来处理鼠标事件，同时授权给事件处理者 b 来处理键盘事件。

有时也将事件处理者称为监听器，主要原因在于监听器时刻监听事件源上所有发生的事件类型，一旦该事件类型与自己所负责处理的事件类型一致，就马上进行处理。授权模型把事件的处理委托给外部的处理实体进行处理，实现了将事件源和监听器分开的机制。

事件处理者（监听器）通常是一个类，该类如果能够处理某种类型的事件，就必须实现与该事件类型相对的接口。例如，一个 ButtonHandler 类之所以能够处理 ActionEvent 事件，原因在于它实现了与 ActionEvent 事件对应的接口 ActionListener。每个事件类都有一个与之对应的接口。

2. 动作事件监听器

动作事件监听器是 Swing 中比较常用的事件监听器，很多组件的动作都会使用它监听，如单击按钮、在列表框中选择一个选项等。与动作事件监听器有关的信息如下。

（1）事件名称：ActionEvent。

（2）事件监听接口：ActionListener。

（3）事件相关方法：addActionListener( )添加监听，removeActionListener( )删除监听。

（4）涉及事件源：JButton、JList、JTextField 等。

[案例 6.1] 以按钮的单击事件为例说明动作单击事件监听器的应用。在本案例中统计窗口内按钮被单击的次数。

核心代码如下。

```java
package task3;

import java.awt.BorderLayout;
import java.awt.Font;
import java.awt.event.ActionEvent;
import java.awt.event.ActionListener;

import javax.swing.JButton;
import javax.swing.JFrame;
import javax.swing.JLabel;
import javax.swing.JList;
import javax.swing.JPanel;
import javax.swing.border.EmptyBorder;

public class ActionListenerDemo extends JFrame {
    JList list;
    JLabel label;
    JButton button1;
    int clicks = 0;

    public ActionListenerDemo() {
        setTitle("动作事件监听器示例");
        setDefaultCloseOperation(JFrame.EXIT_ON_CLOSE);
        setBounds(100, 100, 400, 200);
        JPanel contentPane = new JPanel();
        contentPane.setBorder(new EmptyBorder(5, 5, 5, 5));
        contentPane.setLayout(new BorderLayout(0, 0));
        setContentPane(contentPane);
        label = new JLabel(" ");
        label.setFont(new Font("楷体", Font.BOLD, 16));  //修改字体样式
        contentPane.add(label, BorderLayout.SOUTH);
```

```java
        button1 = new JButton("我是普通按钮");  //创建JButton对象
        button1.setFont(new Font("黑体", Font.BOLD, 16));  //修改字体样式
        button1.addActionListener(new ActionListener() {
            public void actionPerformed(ActionEvent e) {
                label.setText("按钮被单击了" + (clicks ++) + "次");
            }
        });
        contentPane.add(button1);
    }

    //处理按钮单击事件的匿名内部类
    class button1ActionListener implements ActionListener {
        @Override
        public void actionPerformed(ActionEvent e) {
            label.setText("按钮被单击了" + (clicks ++) + "次");
        }
    }
    public static void main(String[] args) {
        ActionListenerDemo frame = new ActionListenerDemo();
        frame.setVisible(true);
    }
}
```

在上述代码中，调用 addActionListener( ) 方法为 button1 添加了单击动作的事件监听器，该事件监听器由 button1ActionListener 类实现。button1ActionListener 类必须继承自 ActionListener 类，并重写父类的 actionPerformed( ) 方法。在 actionPerformed( ) 方法内编写按钮被单击后执行的功能。

图 6 - 28 和图 6 - 29 所示为程序运行后，没有单击按钮和单击按钮后的效果。

图 6 - 28　动作事件监听器示例（1）

图 6 - 29　动作事件监听器示例（2）

在本案例中使用的是内部类形式，当然也可以写成如下形式的代码。

```
// 为按钮 button1 添加 ActionEvent 事件的处理程序
button1.addActionListener(new ActionListener() {
    public void action Performed(Action Event e) {
        // 具体代码编写在这里
        label.setTextC 按钮被单击了 " +(ciicks ++) +1 次");
    }
}
```

3. 焦点事件监听器

除了动作事件监听器外，焦点事件监听器在实际项目中的应用也比较广泛，例如将光标离开文本框时弹出对话框或者将焦点返回给文本框等。

与焦点事件监听器有关的信息如下。

（1）事件名称：FocusEvent。

（2）事件监听接口：FocusListener。

（3）事件相关方法：addFocusListener( )添加监听，removeFocusListener( )删除监听。

（4）涉及事件源：Component 以及派生类。

FocusEvent 接口定义了两个方法，分别为 focusGained( )方法和 focusLost( )方法，其中 focusGained( )方法在组件获得焦点时执行，focusLost( )方法在组件失去焦点时执行。

[案例 6.2] 以文本框的焦点事件为例说明焦点事件监听器的应用。

核心代码如下。

```
package task3;

import java.awt.BorderLayout;
import java.awt.Font;
import java.awt.event.FocusEvent;
import java.awt.event.FocusListener;

import javax.swing.JButton;
import javax.swing.JFrame;
import javax.swing.JLabel;
import javax.swing.JList;
import javax.swing.JPanel;
import javax.swing.JTextField;
import javax.swing.border.EmptyBorder;

public class FocusListenerDemo extends JFrame {
    JList list;
    JLabel label;
    JButton button1;
    JTextField txtfield1;

    public FocusListenerDemo() {
```

```java
        setTitle("焦点事件监听器示例");
        setDefaultCloseOperation(JFrame.EXIT_ON_CLOSE);
        setBounds(100, 100, 400, 200);
        JPanel contentPane = new JPanel();
        contentPane.setBorder(new EmptyBorder(5, 5, 5, 5));
        contentPane.setLayout(new BorderLayout(0, 0));
        setContentPane(contentPane);
        label = new JLabel(" ");
        label.setFont(new Font("楷体", Font.BOLD, 16));  //修改字体样式
        contentPane.add(label, BorderLayout.SOUTH);
        txtfield1 = new JTextField();  //创建文本框
        txtfield1.setFont(new Font("黑体", Font.BOLD, 16));  //修改字体样式
        txtfield1.addFocusListener(new FocusListener() {
            @Override
            public void focusGained(FocusEvent arg0) {
                //获取焦点时执行此方法
                label.setText("文本框获得焦点,正在输入内容");
            }

            @Override
            public void focusLost(FocusEvent arg0) {
                //失去焦点时执行此方法
                label.setText("文本框失去焦点,内容输入完成");
            }
        });
        contentPane.add(txtfield1);
    }
    public static void main(String[] args) {
        FocusListenerDemo frame = new FocusListenerDemo();
        frame.setVisible(true);
    }
}
```

在上述代码中,为 txtfield1 组件调用 addFocusListener( )方法,添加了焦点事件监听器,并且使用匿名的方式实现。在实现 FocusListener 接口的代码中编写 focusGained( )方法和 focusLost( )方法的代码。运行结果如图 6-30 所示。

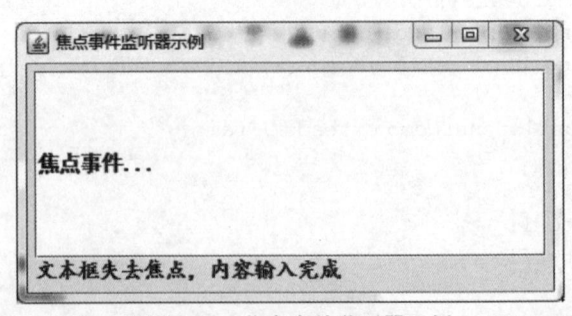

图 6-30 焦点事件监听器示例

4. 监听列表项选择事件

列表框控件 JList 会显示很多选项供用户选择，通常在使用时会根据用户选择的选项完成不同的操作。

[案例 6.3] 本案例将介绍如何监听列表项的选择事件，以及事件监听器的处理方法。实现过程如下。

（1）创建一个继承自 JFrame 类的 JListDemo 类。
（2）在 JListDemo2 类中添加 JList 组件和 JLabel 组件的声明，并创建空的构造方法。
（3）在构造方法中为列表框填充数据源。
（4）为列表框组件 list 添加选择事件监听。
（5）创建 do_liSt_ValueChanged() 方法将用户选择的列显示到标签中。

代码如下。

```java
package task3;

import java.awt.BorderLayout;

import javax.swing.JFrame;
import javax.swing.JLabel;
import javax.swing.JList;
import javax.swing.JPanel;
import javax.swing.JScrollPane;
import javax.swing.border.EmptyBorder;
import javax.swing.event.ListSelectionEvent;
import javax.swing.event.ListSelectionListener;

public class JListDemo extends JFrame {
    JList list;
    JLabel label;

    public JListDemo() {
        setTitle("监听列表项选择事件");
        setDefaultCloseOperation(JFrame.EXIT_ON_CLOSE);
        setBounds(100, 100, 400, 250);
        JPanel contentPane = new JPanel();
        contentPane.setBorder(new EmptyBorder(5, 5, 5, 5));
        contentPane.setLayout(new BorderLayout(0, 0));
        setContentPane(contentPane);
        label = new JLabel(" ");
        contentPane.add(label, BorderLayout.SOUTH);
        JScrollPane scrollPane = new JScrollPane();
        contentPane.add(scrollPane, BorderLayout.CENTER);
        list = new JList();
        scrollPane.setViewportView(list);
        String[] listData = new String[7];
        listData[0] = "《Java 基础案例教程》";
        listData[1] = "《PHP 基础案例教程》";
```

```java
        listData[2] = "《ASP 基础案例教程》";
        listData[3] = "《铜仁职业技术学院简介》";
        listData[4] = "《仁义之城 桃园铜仁》";
        listData[5] = "《梵天净土》";
        listData[6] = "《我爱编程》";
        list.setListData(listData);

        list.addListSelectionListener(new ListSelectionListener() {
            public void valueChanged(ListSelectionEvent e) {
                do_list_valueChanged(e);
            }
        });
    }
    protected void do_list_valueChanged(ListSelectionEvent e) {
        label.setText("感谢您购买:" + list.getSelectedValue());
    }

    public static void main(String[] args) {
        JListDemo frame = new JListDemo();
        frame.setVisible(true);
    }
}
```

运行程序，列表框选择前后的效果如图 6-31 和图 6-32 所示。

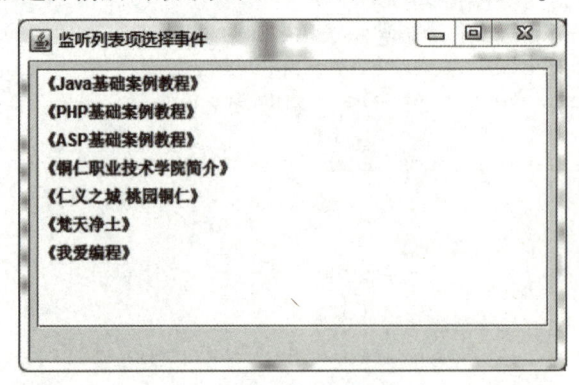

图 6-31 监听列表项选择事件（1）

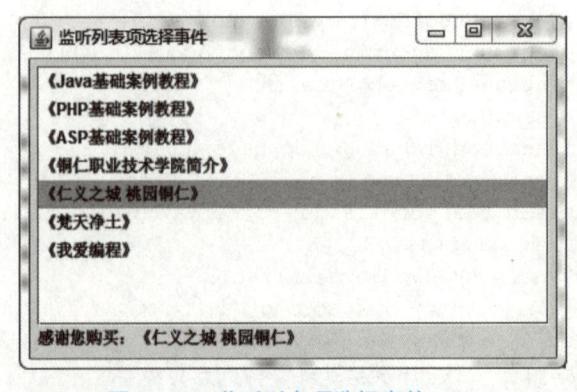

图 6-32 监听列表项选择事件（2）

5. 综合案例分析

设计一个简单的计算器，计算器界面可以分成两部分，即显示区和键盘区。显示区可以使用文本框组件，键盘区则由很多按钮组成，可以使用网格布局管理器。详细的实现过程如下。

（1）新建一个继承自 JFrame 类的 CalculatorDemo 类。

（2）为类添加构造方法和 main() 方法。

（3）在构造方法中设置窗口的标题和大小等属性，然后使用边界面板在 North 区域中添加一个 JTextField 组件。

（4）使用网格布局管理器添加多个按钮作为计算器的键盘区。

主要代码如下。

```java
package task3;

import java.awt.BorderLayout;

import javax.swing.JFrame;
import javax.swing.JLabel;
import javax.swing.JList;
import javax.swing.JPanel;
import javax.swing.JScrollPane;
import javax.swing.border.EmptyBorder;
import javax.swing.event.ListSelectionEvent;
import javax.swing.event.ListSelectionListener;

public class JListDemo extends JFrame {
    JList list;
    JLabel label;

    public JListDemo() {
        setTitle("监听列表项选择事件");
        setDefaultCloseOperation(JFrame.EXIT_ON_CLOSE);
        setBounds(100, 100, 400, 250);
        JPanel contentPane = new JPanel();
        contentPane.setBorder(new EmptyBorder(5, 5, 5, 5));
        contentPane.setLayout(new BorderLayout(0, 0));
        setContentPane(contentPane);
        label = new JLabel(" ");
        contentPane.add(label, BorderLayout.SOUTH);
        JScrollPane scrollPane = new JScrollPane();
        contentPane.add(scrollPane, BorderLayout.CENTER);
        list = new JList();
        scrollPane.setViewportView(list);
        String[] listData = new String[7];
        listData[0] = "《Java 基础案例教程》";
        listData[1] = "《PHP 基础案例教程》";
        listData[2] = "《ASP 基础案例教程》";
```

```java
            listData[3] = "《铜仁职业技术学院简介》";
            listData[4] = "《仁义之城 桃园铜仁》";
            listData[5] = "《梵天净土》";
            listData[6] = "《我爱编程》";
            list.setListData(listData);

            list.addListSelectionListener(new ListSelectionListener() {
                public void valueChanged(ListSelectionEvent e) {
                    do_list_valueChanged(e);
                }
            });

        }
        protected void do_list_valueChanged(ListSelectionEvent e) {
            label.setText("感谢您购买:" + list.getSelectedValue());
        }

        public static void main(String[] args) {
            JListDemo frame = new JListDemo();
            frame.setVisible(true);
        }
    }
```

运行结果如图 6-33 所示。

图 6-33 计算器

任务四 设计一个学生成绩管理系统登录界面

【任务分析】

本任务主要是设计一个学生成绩管理系统登录界面,主要要求如下。

(1) 创建登录界面主面板并将标题设置为"学生成绩管理系统登录界面",不能最大化,单击"关闭"按钮时关闭登录界面。

(2) 要求输入用户名和密码,单击"登录"按钮,若用户名为"trzy",密码为"123456"则提示"登录成功",否则提示"账户或密码错误,登录失败!"。

【任务实训】

代码如下，运行结果如图 6-34~图 6-36 所示。

```java
package task4;

import java.awt.BorderLayout;
import java.awt.FlowLayout;
import java.awt.GridLayout;
import java.awt.event.ActionEvent;
import java.awt.event.ActionListener;

import javax.swing.JButton;
import javax.swing.JFrame;
import javax.swing.JLabel;
import javax.swing.JPanel;
import javax.swing.JPasswordField;
import javax.swing.JTextField;

public class Login extends JFrame implements ActionListener {
    private static final long serialVersionUID = 1L;
    //声明用户名、密码提示文字对应的标签组件
    JLabel labLogin, labPassword;
    //声明输入用户名的文本框组件
    JTextField txtLogin;
    //声明输入密码的密码框组件
    JPasswordField txtPassword;
    //声明登录的按钮组件
    JButton btnRegister;
    //声明一个 TextArea 组件放到登录按钮的下方
    JLabel labInfo;
    JPanel jpw, jpTop, jpBottom, jpInfo;

    /**
     * 构造函数
     */
    public Login() {
        //创建一个显示面板
        jpw = new JPanel();
        jpw.setLayout(new BorderLayout());

        jpTop = new JPanel();
        jpTop.setLayout(new GridLayout(2, 2));

        jpBottom = new JPanel();
        jpBottom.setLayout(new FlowLayout());

        jpInfo = new JPanel();
        jpInfo.setLayout(new FlowLayout());

        //初始化每一个图形化界面中显示的组件
        labLogin = new JLabel("用户名");
        labPassword = new JLabel("密码");
```

```java
        txtLogin = new JTextField(20);
        txtPassword = new JPasswordField(20);

        btnRegister = new JButton("登录");
        btnRegister.addActionListener(this);

        labInfo = new JLabel();

        //把需要显示的组件放到显示面板中
        jpTop.add(labLogin);
        jpTop.add(txtLogin);
        jpTop.add(labPassword);
        jpTop.add(txtPassword);

        jpBottom.add(btnRegister);

        jpInfo.add(labInfo);

        jpw.add(jpTop, BorderLayout.NORTH);
        jpw.add(jpBottom, BorderLayout.SOUTH);
        jpw.add(jpInfo, BorderLayout.CENTER);

        //把显示面板添加到窗口中
        this.add(jpw);
        //设置显示窗口的标题
        this.setTitle("学生成绩管理系统登录界面");
        //设置显示窗口禁止最大化
        this.setResizable(false);
        //设置显示窗口的最初大小
        this.setSize(320, 200);
        //设置显示窗口是否显示
        this.setVisible(true);
        this.setDefaultCloseOperation(JFrame.EXIT_ON_CLOSE);
    }

    public void actionPerformed(ActionEvent e) {
        String txt = txtLogin.getText();
              //+ "登录成功!";
        String pwd = txtPassword.getText();

        boolean flag = false;
        if("trzy".equals(txt) && "123456".equals(pwd)) {
            flag = true;
        }
        String s = "提示信息";
        if(flag) {
            s = "登录成功";
        } else {
            s = "账户或密码错误,登录失败!";
        }
```

```
            labInfo.setText(s);
        }

    public static void main(String[] args) {
        new Login();
    }
}
```

图 6-34　学生成绩管理系统登录界面（1）

图 6-35　学生成绩管理系统登录界面（2）

图 6-36　学生成绩管理系统登录界面（3）

任务五　在框架（窗口）中绘图

【任务分析】

本任务主要是通过绘制五角星掌握如何利用 Graphics2D 类在窗口中绘制自定义图形。

1. Graphics 绘图画布

Graphics 类位于 java.awt 包中，它提供基本的几何图形绘制方法，主要有：画线段、画矩形、画圆、画带颜色的图形、画椭圆、画圆弧、画多边形等。绘图的原点位于组件的左上角，如图 6-37 所示。

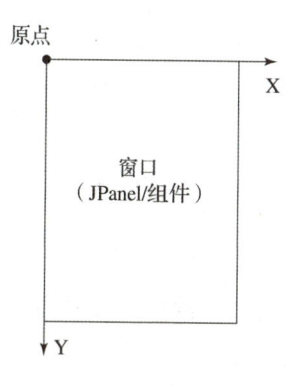

图 6-37　Graphics 绘图画布

2. 绘制线段/折线

（1） void drawLine(int x1, int y1, int x2, int y2);//绘制直线

（2） void drawPolyline(int xPoints[ ], int yPoints[ ], int nPoints);//绘制折线

3. 绘制矩形/多边形

（1） void fillRect(int x, int y, int width, int height);//绘制空心矩形

（2） void drawRect(int x, int y, int width, int height);//绘制填充矩形

（3） void drawRoundRect(int x, int y, int width, int height, int arcWidth, int arcHeight);//绘制空心圆角矩形

（4） void fillRoundRect(int x, int y, int width, int height, int arcWidth, int arcHeight);//绘制填充圆角矩形

（5） void draw3DRect(int x, int y, int width, int height, boolean raised);//

（6） void fill3DRect(int x, int y, int width, int height, boolean raised);//

4. 绘制圆弧/扇形

（1） void drawArc(int x, int y, int width, int height, int startAngle, int arcAngle);//

（2） void fillArc(int x, int y, int width, int height, int startAngle, int arcAngle);//

5. 绘制椭圆

（1） void drawOval(int x, int y, int width, int height);

（2） void fillOval(int x, int y, int width, int height);

6. 插入图片

（1） 方法一：通过 java.awt.Toolkit 工具类读取本地、网络或内存中的图片（支持 GIF、JPEG 或 PNG）。语法格式如下。

```
Image image = Toolkit.getDefaultToolkit().getImage(String filename);
Image image = Toolkit.getDefaultToolkit().getImage(URL url);
Image image = Toolkit.getDefaultToolkit().createImage(byte[] mageData);
```

（2） 方法二：通过 javax.imageio.ImageIO 工具类读取本地、网络或内存中的图片（BufferedImage 继承自 Image）。语法格式如下。

```
BufferedImage bufImage = ImageIO.read(File input);
BufferedImage bufImage = ImageIO.read(URL input);
BufferedImage bufImage = ImageIO.read(InputStream input);
```

7. 绘制文本

（1） 设置字体（字体、样式、大小）。语法格式如下。

```
void setFont(Font font);
```

（2） 绘制一段文本，其中（x, y）坐标指的是文本序列的左下角的位置。语法格式如下。

```
void drawString(String str, int x, int y);
```

【任务实训】

代码如下。

```java
package task5;

import java.awt.BorderLayout;
import java.awt.Color;
import java.awt.Dimension;
import java.awt.Graphics;
import java.awt.Graphics2D;
import java.awt.RenderingHints;
import java.awt.geom.GeneralPath;

import javax.swing.JFrame;
import javax.swing.JPanel;

public class DrawUI extends JPanel {
    private static final long serialVersionUID = 1L;

    public DrawUI() {
        super();
    }

    public void paintComponent(Graphics g) {
        Graphics2D g2d = (Graphics2D) g.create();
        g2d.setRenderingHint(RenderingHints.KEY_ANTIALIASING, RenderingHints.VALUE_ANTIALIAS_ON);
        int x1 = this.getWidth() /5;
        int y1 = this.getHeight() - 20;
        int x2 = this.getWidth() /2;
        int y2 = 20;
        int x3 = this.getWidth() - 20;
        int y3 = this.getHeight() - 20;
        int x4 = 20;
        int y4 = this.getHeight() /3;
        int x5 = this.getWidth() - 20;
        int y5 = y4;
        int x1points[] = { x1, x2, x3, x4, x5 };
        int y1points[] = { y1, y2, y3, y4, y5 };
        g2d.setPaint(Color.RED);
        GeneralPath polygon = new GeneralPath(GeneralPath.WIND_EVEN_ODD, x1points.length);
        polygon.moveTo(x1points[0], y1points[0]);
        //顺序画下其他点
        for (int i = 1; i < x1points.length; i ++) {
```

```
                polygon.lineTo(x1points[i],y1points[i]);
            }
            polygon.closePath();//调用closePath()方法形成一个封闭几何形状
            g2d.draw(polygon);//绘制
            g2d.dispose();//释放资源
        }
        public static void main(String args[]){
            JFrame jf = new JFrame("Demo Graphics");
            jf.setDefaultCloseOperation(JFrame.EXIT_ON_CLOSE);
            jf.getContentPane().setLayout(new BorderLayout());
            jf.getContentPane().add(new DrawUI(), BorderLayout.CENTER);
            jf.setPreferredSize(new Dimension(380,380));
            jf.pack();
            jf.setVisible(true);
        }
    }
```

运行结果如图 6-38 所示。

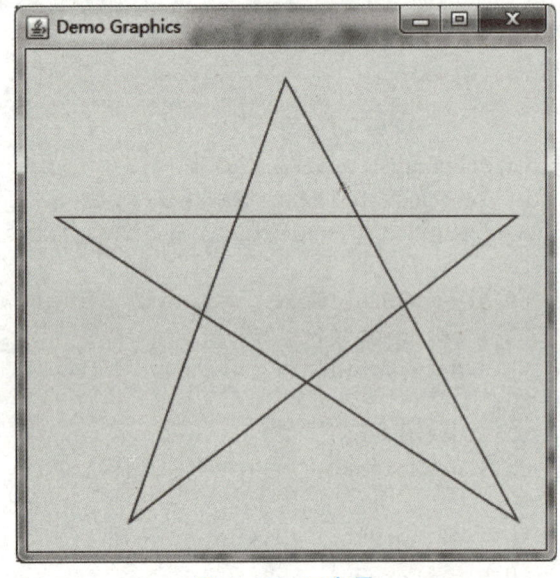

图 6-38 五角星

项目七

学生信息数据库管理程序设计

【知识目标】
(1) 掌握加载数据库驱动的方法。
(2) 掌握建立数据库的连接的方法。
(3) 掌握对数据库表中的数据进行增、删、改、查的方法。

【能力目标】
(1) 能够加载并注册数据库驱动。
(2) 能够访问数据库表中的数据。
(3) 能够修改数据库表中的数据。
(4) 能够删除数据库表中的数据。
(5) 能够关闭数据库。

任务一　使用 JDBC 操作数据库（以 MySQL 为例）

【知识准备】

一、JDBC 概述

JDBC 提供了一种与平台无关的用于执行 Sql 语句的标准 Java API，可以方便地实现多种关系型数据库的统一操作，它由一组用 Java 语言编写的类和接口组成。

在实际开发中可以直接使用 JDBC 进行各个数据库的连接与操作，而且可以方便地向数据库中发送各种 SQL 语句。JDBC 提供的是一套标准的接口，这样各个支持 Java 的数据库生产商只要按照此接口提供相应的实现，就可以使用 JDBC 进行操作，极大地体现了 Java 的可移植性。

JDBC 制定了统一访问各类关系数据库的标准接口，为各个数据库厂商提供了标准接口的实现。

JDBC 规范将驱动程序归结为以下几类。

第一类驱动程序将 JDBC 翻译成 ODBC，然后使用一个 ODBC 驱动程序与数据库进行通信。

第二类驱动程序是由部分 Java 程序和部分本地代码组成的，用于与数据库的客户端 API 进行通信。

第三类驱动程序是纯 Java 客户端类库，它使用一种与具体数据库无关的协议将数据库请求发送给服务器构件，然后该构件再将数据库请求翻译成与数据库相关的协议。

第四类驱动程序是纯 Java 类库，它将 JDBC 请求直接翻译成与数据库相关的协议。

二、通过 JDBC 操作数据库

由于本书使用的 MySQL 数据库版本为 8.0.25，需要使用最新的驱动，访问"https://dev.mysql.com/downloads/"，选择"Connector/J"选项下载 MySQL 驱动程序。目前最新版本为"Connector/J 8.0.31"，下载"mysql-connector-j-8.0.31.zip"文件，如图 7-1 所示。

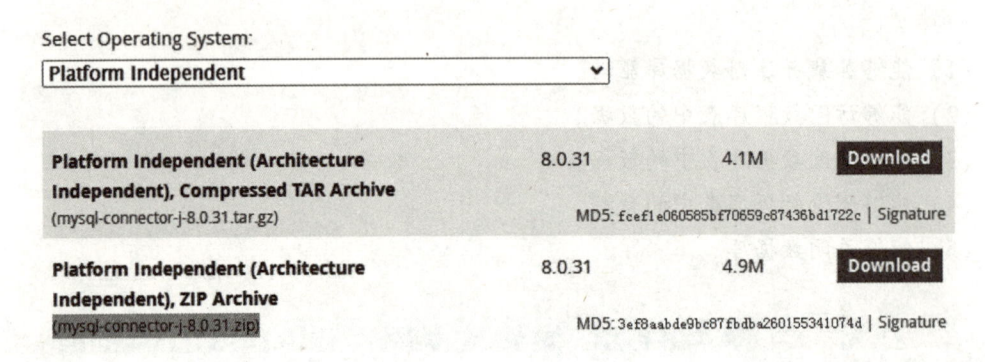

图 7-1 MySQL 驱动程序下载界面

访问数据库时，首先要加载数据库驱动程序，只需加载一次，然后在每次访问数据库时创建一个 Connection 实例，获取数据库连接，获取连接后，执行需要的 SQL 语句，最后完成数据库操作时释放与数据库间的连接。

1. 加载数据库驱动程序

Java 加载数据库驱动程序的方法是调用 Class 类的静态方法 forName()，语法格式如下。

```
Class.forName(String driverManager)
    //加载 MySQL 数据库驱动程序
try {
    Class.forName("com.mysql.cj.jdbc.Driver");
} catch(ClassNotFoundException e) {
    e.printStackTrace();
}
```

如果加载成功，会将加载的驱动类注册给 DriverManager；如果加载失败，会抛出 Class-

NotFoundException 异常。

注意：要在项目中导入"mysql – connector – j – 8.0.31. jar"的 jar 包，方法是首先项目中建立"lib"文件夹，然后将"mysql – connector – j – 8.0.31. jar"复制到"lib"文件夹下；选中项目后单击鼠标右键，选择"Build Path"→"Add External Archives…"命令，然后选中项目所在工作空间中的"lib"文件夹中的"mysql – connector – j – 8.0.31. jar"文件，此时驱动程序即出现在项目下的"Referenced Libraries"文件夹中。

2. 建立连接

加载完数据库驱动程序后，就可以建立数据库的连接了，需要使用 DriverManager 类的静态方法 getConnection( )方法来实现。代码如下。

```
//Class.forName("com.mysql.jdbc.Driver"); //旧版本
Class.forName("com.mysql.cj.jdbc.Driver"); //最新版本
String url = "jdbc:mysql://localhost:3306/database_name";
String user = "root";
Strign password = "root"
//建立连接
Connection conn = DriverManager.getConnection(url, user, password);
```

url 是数据库的 url，其中 mysql 指定数据库为 mysql 数据库，localhost 是本地计算机，可以换成 IP 地址 127.0.0.1，3306 为 MySQL 数据库的默认端口号，database_name 是所要连接的数据库名，user 和 password 对应数据库的用户名和密码。最后通过 getConnection 建立连接，项目结构如图 7 – 2 所示。

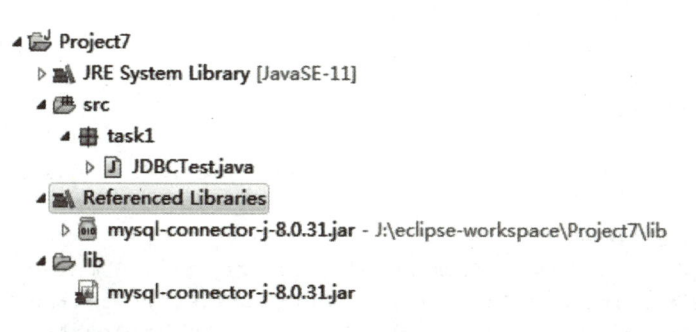

图 7 – 2　项目结构

3. 对数据库表中的数据进行增、删、改、查

建立了连接之后，就可以使用 Connection 接口的 createStatement( )方法来获取 Statement 对象，也可以调用 prepareStatement( )方法获得 PrepareStatement 对象，通过 executeUpdate( )方法执行 SQL 语句。

【任务实训】

［实训案例（遍历学生信息表）］使用如下 SQL 语句创建 mytest 数据库及表 user，并向 user 表中添加数据，"user.sql"文件内容如下。

```sql
CREATE DATABASE 'mytest';

USE 'mytest';

DROP TABLE IF EXISTS 'user';

CREATE TABLE 'user' (
  'id' int unsigned NOT NULL AUTO_INCREMENT,
  'username' varchar(10) DEFAULT NULL,
  'sex' varchar(2) DEFAULT NULL,
  'address' varchar(20) DEFAULT NULL,
  PRIMARY KEY ('id')
) ENGINE = InnoDB AUTO_INCREMENT = 5 DEFAULT CHARSET = utf8mb3;

insert into 'user'('id','username','sex','address')
values (1,'张钰婷','女','湖南省凤凰市'),
(2,'龙园','女','贵州省铜仁市'),(3,'张琦','男','贵州省贵阳市'),
(4,'罗婷婷','女','贵州省毕节市');
```

创建 "JDBCTest.java" 文件遍历表中的数据,"JDBCTest.java" 代码如下。

```java
package task1;

import java.sql.Connection;
import java.sql.DriverManager;
import java.sql.ResultSet;
import java.sql.SQLException;
import java.sql.Statement;

public class JDBCTest {

    public static void main(String[] args) throws ClassNotFoundException, SQLException {
        //连接数据库
        //Class.forName("com.mysql.jdbc.Driver"); //旧版本
        Class.forName("com.mysql.cj.jdbc.Driver"); //最新版本
        String url = "jdbc:mysql://127.0.0.1:3306/mytest";
        String user = "root";
        String password = "admin";

        //建立数据库连接
        Connection conn = DriverManager.getConnection(url, user, password);

        String sql = "select * from user";
        Statement stmt = conn.createStatement(); //创建一个statement对象
        ResultSet rs = stmt.executeQuery(sql); //执行查询

        int id;
        String username, sex, address;
```

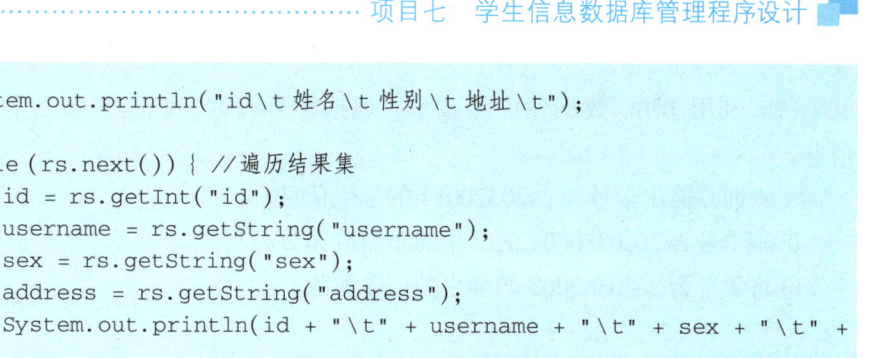

```java
            System.out.println("id\t姓名\t性别\t地址\t");
            while(rs.next()){ //遍历结果集
                id = rs.getInt("id");
                username = rs.getString("username");
                sex = rs.getString("sex");
                address = rs.getString("address");
                System.out.println(id + "\t" + username + "\t" + sex + "\t" + address);
            }
        }
    }
```

运行结果如下。

```
id    姓名      性别    地址
1     张钰婷    女      湖南省凤凰市
2     龙园      女      贵州省铜仁市
3     张琦      男      贵州省贵阳市
4     罗婷婷    女      贵州省毕节市
```

任务二 拓展训练

（1）利用 MySQL 建立学生管理系统，建立学生信息表（stud）（表7-1），字段有学号（stid）、姓名（stname）、班级（clname）、年龄（age）、联系电话（phone），输入10条数据信息。

表7-1 学生信息表

stid	stname	clname	age	phone
2020388882	张宇峰	203 高计网	18	15611111111
2020388883	李晓婷	203 高计网	18	13922222222
2020388884	郑海波	203 高计网	19	13833333333
2020399991	王树海	203 人工智能	19	15744444444
2020399994	李希妍	203 人工智能	18	15955555555
2020399995	龙思宇	203 人工智能	19	13766666666
2020399996	李诗佳	203 人工智能	18	13677777777
2020377771	杨思哲	203 大数据	18	13588888888
2020377772	李明锋	203 大数据	19	13699999999
2020377773	雷寒秋	203 大数据	18	13512345678

（2）利用 JDBC 数据库连接技术，根据学号查询、修改和删除学生记录，添加学生信息。

①查询并输出学号为 2020320014 的学生信息。

②将学号为 2020350005 的学生的年龄改为 20 岁。

③将学号为 2020360002 的学生的记录删除。

参 考 文 献

［1］李刚.疯狂Java讲义（第5版）［M］.北京：电子工业出版社，2019.

［2］李兴华，马云涛.第一行代码 Java 视频讲解版 ［M］.北京：人民邮电出版社，2017.

［3］黑马程序员.Java 基础案例教程（第2版）［M］.北京：人民邮电出版社，2021.

［4］徐红，张宗国.Java 程序设计（第2版）［M］.北京：高等教育出版社，2019.

［5］李兴华.Java 开发实战经典（第2版）［M］.北京：清华大学出版社，2018.

［6］许敏，史荧中.Java 程序设计案例教程（第2版） ［M］.北京：机械工业出版社，2022.